KB151275

반려동물매개치료 프로그램

김복택·김경원·진미령·박영선·유가영

Companion Animal Assisted Therapy Program

박영story

반려동물행동상담사
(Companion Animal Behavior Counselor)

민간자격등록 제2019-003756호

1. 반려동물행동상담사의 직무내용

① 한국반려동물매개치료협회의 자격인 '**반려동물행동상담사**'의 직무는 다음 각 호와 같다.

1. 반려동물의 생애주기를 이해하고 반려동물 정서, 행동, 감각, 사회성의 성장에 도움이 되는 전문적인 이론과 실무를 바탕으로 반려동물의 성장에 도움이 되는 프로그램의 개발과 운영
2. 구조화된 반려동물행동상담 서비스시설 운영관리
3. 반려동물의 양육에 대한 포괄적인 상담
4. 그 밖의 사람과 반려동물의 조화로운 공존을 위한 사회사업과 봉사

2. 자격등급과 검정기준

자격종목	등급	검정기준
반려동물 행동상담사	1급	전문가로서 반려동물에 대한 전반적인 지식과 반려동물관리에 관한 이론을 기반으로 한 실무적 지식을 갖추고 반려동물행동상담 프로그램을 운영할 수 있는 책임자로서의 상급 수준
	2급	반려동물에 대한 전반적인 지식과 반려동물행동에 관한 이론을 기반으로 한 반려동물행동상담프로그램의 실무자로, 프로그램에 대한 이해와 적용능력을 갖춘 수준

3. 응시자격

① **반려동물행동상담사 1급**의 응시자격은 한국반려동물매개치료협회의 정회원 이상으로 관련학과 전문대학졸업자(졸업예정자 포함) 이상인 자 또는 고등학교 졸업 이상의 학력으로 3년 이상 반려동물행동상담 프로그램을 관리하거나 반려동물행동상담 업무를 한 경력이 있는 자로써 다음 각 호에 모두 해당하는 자로 한다.

1. 2급 자격을 취득하고 6개월 이상이 경과한 자
2. 본 협회에서 인정하는 교육과정 100시간 이상 이수자

- 본 협회와 상호협력을 협약한 기관(연수교육 80시간 이상)
3. 본 협회에서 인정하는 반려동물행동상담 실무 100시간 이상 경력자
4. 성과 관련된 모든 범죄 경력이 없으며 성범죄경력조회에 동의하는 자
5. 「동물보호법」, 「가축전염병예방법」, 「축산물위생관리법」, 또는 「마약류관리에 관한 법률」을 위반하여 금고 이상의 범죄 경력이 없는 자

② 반려동물행동상담사 2급의 응시자격은 한국반려동물매개치료협회의 정회원 이상으로 다음 각 호에 모두 해당하는 자로 한다.
1. 본 협회에서 인정하는 연수교육 50시간 이상 수료자
- 본 협회와 상호협력을 협약한 기관(연수교육 40시간 이상)
2) 성과 관련된 모든 범죄 경력이 없으며 성범죄경력조회에 동의하는 자

4. 등급별 시험과목

시험과목 (2급)	시험형태 및 문항 수			시험시간
	필기시험 객관식(4지선다형)	실기시험 (작업형)	합계	
반려동물학개론	25문항	0문항	25문항	
반려동물행동학	25문항	0문항	25문항	10:30 ~ 12:30 (120분)
반려동물상담학	25문항	0문항	25문항	
반려동물관계법	25문항	0문항	25문항	

시험과목 (1급)	시험형태 및 문항 수			시험시간
	필기시험 객관식 (4지선다형)	실기시험 주관식 (작업형)	합계	
반려동물간호학	25문항	0문항	25문항	
반려동물행동심리학	25문항	0문항	25문항	
반려동물훈련학	25문항	0문항	25문항	10:30 ~ 12:30 (120분)
동물복지 및 관계법규	25문항	0문항	25문항	
반려동물행동상담 실무	0문항	10문항	10문항	14:00 ~ 15:30 (90분)

반려동물매개심리상담사
(Companion Animal Assisted Psychology Counselor)

민간자격등록 제2016-000183호

1. 반려동물매개심리상담사의 직무내용

① 한국반려동물매개치료협회의 자격인 '반려동물매개심리상담사'의 직무는 다음 각 호와 같다.

1. 저소득층이나 취약계층을 대상으로 반려동물을 활용한 프로그램을 통해 정서적 안정과 신체적 발달에 기여한다.
2. 사회복지기관을 대상으로 반려동물과의 상호작용을 통하여 동기를 유발하여 신체적 활동의 증가와 사회성 향상 등에 기여한다.
3. 학령기 아동을 대상으로 생명존중과 정서발달 등을 교육한다.

2. 자격등급과 검정기준

자격종목	등급	검정기준
반려동물 매개심리 상담사 자격증	슈퍼바이저	최고의 전문가로서 동물매개치료에 대한 전반적인 지식과 반려동물과 심리상담에 관한 실무를 기반으로 한 경험적 지식을 갖추고 반려동물매개심리상담 과정의 총괄적인 책임자로서의 능력을 갖춘 최상급 수준
	전문가	전문가 수준의 동물매개심리상담에 대한 지식과 반려동물과 심리상담에 관한 지식을 갖추고 반려동물매개심리상담의 운영자로서, 프로그램에 대한 개발과 상담과정의 설계 능력을 갖춘 고급 수준
	1급	준전문가 수준의 동물매개심리상담에 대한 지식과 반려동물과 심리상담에 관한 지식을 갖추고 반려동물매개심리상담의 책임자로서, 프로그램에 대한 이해와 적용능력을 갖춘 고급 수준
	2급	일반인으로서 동물매개심리상담에 대한 개론적인 지식과 반려동물과 심리상담에 관한 기초적인 지식을 갖추고 한정된 범위 내에서 반려동물매개심리상담의 보조자로서, 프로그램에 대한 이해와 적용능력을 갖춘 상급 수준

3. 응시자격

① 반려동물매개심리상담사 2급의 응시자격은 다음 각 호에 해당하는 자로 한다.
  1. 본 협회에서 인정하는 연수교육 50시간 이상 수료자
  2. 본 협회와 상호협력을 협약한 기관(연수교육 40시간 이상)
  3. 본 협회의 검정기준에 따른 동물매개교육지도사 2급을 취득한 자(동급중복과목 시험면제)
② 반려동물매개심리상담사 1급의 응시자격은 한국반려동물매개치료협회의 정회원 이상으로 관련학과 전문대학졸업자(졸업예정자 포함) 이상인 자로써 다음 각 호에 모두 해당하는 자로 한다.
  1. 2급 자격을 취득하고 6개월 이상이 경과한 자
  2. 본 협회에서 인정하는 교육과정 300시간 이상 이수자
  3. 본 협회에서 인정하는 임상활동 100시간 이상 이수자
③ 반려동물매개심리상담사 전문가의 응시자격은 한국반려동물매개치료협회의 정회원 이상으로 관련학과대학졸업자(졸업예정자 포함) 이상인 자로써 다음 각 호에 모두 해당하는 자로 한다.
  1. 1급 자격을 취득하고 1년 이상이 경과한 자
  2. 본 협회에서 인정하는 임상지도 및 교육경력 200시간 이상 이수자
  3. 본 협회에서 인정하는 임상활동 1,000시간 이상 이수자
  4. 본 협회에서 인정하는 학술지에 논문 1회 이상 게재한 자
  5. 본 협회에서 인정하는 학술발표 3회 이상인 자
④ 반려동물매개심리상담사 슈퍼바이저의 응시자격은 한국반려동물매개치료협회의 정회원 이상으로 관련학과 석사 이상인 자로써 다음 각 호에 모두 해당하는 자로 한다.
  1. 전문가 자격을 취득하고 1년 이상이 경과한 자
  2. 본 협회에서 인정하는 관련분야 강의경력 1,000시간 이상인 자
  3. 본 협회에서 인정하는 임상지도 매년 50시간 이상 경력자(연속 3년 이상)
  4. 본 협회에서 인정하는 학술지에 논문 3회 이상 게재한 자
  5. 본 협회에서 인정하는 학술발표 5회 이상인 자

4. 등급별 시험과목

시험과목 (2급)	시험형태 및 문항 수			시험시간
	필기시험 객관식(4지선다형)	실기시험 (작업형)	합계	
동물매개치료개론	25문항	0문항	25문항	
반려동물행동의 이해	25문항	0문항	25문항	10:30 ~ 12:30 (120분)
도우미동물관리	25문항	0문항	25문항	
심리상담과 이해	25문항	0문항	25문항	

시험과목 (1급)	시험형태 및 문항 수			시험시간
	필기시험 객관식 (4지선다형)	실기시험 (작업형)	합계	
동물매개치료개론	25문항	0문항	25문항	10:30 ~ 13:00 (150분)
반려동물행동의 이해	25문항	0문항	25문항	
도우미동물관리	25문항	0문항	25문항	
심리상담과 이해	25문항	0문항	25문항	
동물보호법	25문항	0문항	25문항	
동물매개심리상담 임상실무	0문항	10문항	10문항	14:00 ~ 15:30 (90분)

시험과목 (전문가)	시험형태 및 문항 수			시험시간
	필기시험 객관식 (4지선다형)	실기시험 (작업형)	합계	
동물매개심리상담 임상실무	0문항	5문항	5문항	10:30 ~ 13:00 (150분)
동물매개심리상담 프로그램 개발과 평가	0문항	5문항	5문항	

시험과목 (슈퍼바이저)	시험형태 및 문항 수			시험시간
	필기시험 객관식 (4지선다형)	실기시험 (작업형)	합계	
동물매개심리상담의 슈퍼비전	0문항	10문항	10문항	14:00 ~ 17:00 (180분)

반려동물관리사
(Companion Animal Manager)

민간자격등록 제2016-001343호

1. 반려동물관리사의 직무내용

① 한국반려동물매개치료협회의 자격인 '**반려동물관리사**'의 직무는 다음 각 호와 같다.
  1. 반려동물에 관한 전문적인 지식을 습득하여 반려동물산업전반에 걸쳐 활동하는 전문가
  2. 동물을 애호하는 자를 대상으로 반려동물과의 상호작용과 동물의 사회성 향상 등에 기여한다.
  3. 생명존중사상을 바탕으로 반려동물 문화의 증진을 위해 노력하고 동물복지와 동물학대 등의 예방을 홍보하고 교육한다.
② 세부 직무내용
  1. 반려동물의 복지에 관한 업무
  2. 반려동물의 학대방지 및 사후관리
  3. 반려동물의 사육 및 번식
  4. 반려동물 분양상담
  5. 반려동물 사육과 사육환경에 대한 자문
  6. 반려동물 문화 증진을 위한 사회사업과 봉사
  7. 그 밖의 반려동물산업과 관련된 교육과 홍보

2. 자격등급과 검정기준

자격종목	등급	검정기준
반려동물관리사 자격증	1급	반려동물의 행동을 이해하고 반려동물사육관리 분야에 올바른 복지관과 전문가 수준의 지식, 반려동물과 함께 하는 문화에 대한 설계와 운영, 교육에 관한 능력이 있으며 해당 산업에서 전문가로 활동할 수 있는 능력을 갖춘 수준
	2급	반려동물의 행동을 이해하고 반려동물사육관리 분야에 올바른 복지관과 기초적인 수준의 지식, 반려동물과 함께 하는 문화에 대한 이해와 적용, 홍보에 관한 능력이 있으며 해당 산업에서 보조자로 활동할 수 있는 능력을 갖춘 수준

3. 응시자격

① 반려동물관리사 2급의 응시자격은 다음 각 호에 해당하는 자로 한다.
   1. 한국반려동물매개치료협회의 정회원 이상으로 협회에서 인정하는 연수교육 20시간 이상 수료한 자로 한다.
② 반려동물관리사 1급의 응시자격은 다음 각 호 중 어느 하나에 해당하는 자로 한다.
   1. 한국반려동물매개치료협회의 정회원 이상으로 관련학과(애완동물, 반려동물) 전문대학 재학(2학기 이상 이수) 이상이거나 이와 같은 수준 이상의 과정에 있다고 인정되는 자로 한다.
   2. 한국반려동물매개치료협회의 정회원 이상으로 학점은행제 교육기관의 생명산업전문학사 학위과정에 있는 자로 한다.
   3. 한국반려동물매개치료협회의 정회원 이상으로 협회에서 인정하는 반려동물관련분야의 사업경력이 5년 이상인 자로 한다.

4. 등급별 시험과목

시험과목 (2급)	시험형태 및 문항 수			시험시간
	필기시험 객관식 (4지선다형)	필기시험 주관식	합계	
반려동물학개론	25문항	0문항	25문항	10:30 ~ 11:30 (60분)
동물보호법	25문항	0문항	25문항	

시험과목 (1급)	시험형태 및 문항 수			시험시간
	필기시험 객관식 (4지선다형)	필기시험 주관식	합계	
반려동물학	25문항	0문항	25문항	10:30 ~ 12:30 (120분)
반려동물간호학	25문항	0문항	25문항	
반려동물행동학	25문항	0문항	25문항	
동물복지 및 법규	25문항	0문항	25문항	

동물매개교육지도사
(Animal-Assisted Educator)

민간자격등록 제2016-004933호

1. 동물매개교육지도사의 직무내용

① 한국반려동물매개치료협회의 자격인 '**동물매개교육지도사**'의 직무는 다음 각 호와 같다.
   1. 학령기 아동과 청소년을 대상으로 동물을 활용한 프로그램을 통해 생명존중과 정서지능의 발달을 도모한다.
   2. 구조화된 교육을 통해 생물복지 및 자연환경에 대한 인식향상 등에 기여한다.
   3. 동물의 생태적 특성에 대한 이해를 통해 환경문제에 대한 인식을 발전시킨다.

2. 자격등급과 검정기준

자격종목	등급	검정기준
동물매개교육지도사 자격증	슈퍼바이저	최고의 전문가로서 동물매개교육에 대한 전반적인 지식과 동물매개교육지도에 관한 실무를 기반으로 한 경험적 지식을 갖추고 동물매개교육프로그램 운영의 총괄적인 책임자로서의 능력을 갖춘 최상급 수준
	전문가	전문가 수준의 동물매개교육에 대한 전반적인 지식과 동물매개교육지도에 관한 실무를 기반으로 한 경험적 지식을 갖추고 동물매개교육프로그램의 운영자로서, 프로그램에 대한 개발과 교육과정의 설계 능력을 갖춘 고급 수준
	1급	준전문가 수준의 동물매개교육에 대한 지식과 동물매개교육지도에 관한 실무를 기반으로 한 경험적 지식을 갖추고 동물매개교육프로그램의 실무자로서, 프로그램에 대한 이해와 적용능력을 갖춘 상급 수준
	2급	일반인으로서 동물매개교육에 대한 개론적인 지식과 동물을 매개로 한 교육지도에 관한 기초적인 지식을 갖추고 한정된 범위 내에서 동물매개교육프로그램의 보조자로서, 프로그램에 대한 이해와 적용능력을 갖춘 중급 수준

3. 응시자격

① **동물매개교육지도사 2급**의 응시자격은 다음 각 호에 해당하는 자로 한다.
  1. 본 협회에서 인정하는 연수교육 50시간 이상 수료자
  2. 본 협회와 상호협력을 협약한 기관(연수교육 40시간 이상)
  3. 본 협회의 검정기준에 따른 반려동물매개심리상담사 2급을 취득한 자(동급중복과목 시험면제)

② **동물매개교육지도사 1급**의 응시자격은 한국반려동물매개치료협의의 정회원 이상으로 관련학과 전문대학졸업자(졸업예정자 포함) 이상인 자로써 다음 각 호에 모두 해당하는 자로 한다.
  1. 2급 자격을 취득하고 6개월 이상이 경과한 자
  2. 본 협회에서 인정하는 교육과정 300시간 이상 이수자
  3. 본 협회에서 인정하는 임상활동 200시간 이상 이수자
  4. 본 협회의 검정기준에 따른 반려동물매개심리상담사 1급을 취득한 자(동급중복과목 시험면제)

③ **동물매개교육지도사 전문가**의 응시자격은 한국반려동물매개치료협회의 정회원 이상으로 관련학과대학졸업자(졸업예정자 포함) 이상인 자로써 다음 각 호에 모두 해당하는 자로 한다. 단, 반려동물매개심리상담사 전문가 자격이 있는 경우 중복이 되어도 모두 인정한다.
  1. 1급 자격을 취득하고 1년 이상이 경과한 자
  2. 본 협회에서 인정하는 임상지도 및 교육경력 100시간 이상 이수자
  3. 본 협회에서 인정하는 임상활동 500시간 이상 이수자(제9조 ③항의 2호를 포함함)
  4. 본 협회에서 인정하는 학술발표 1회 이상인 자

④ **동물매개교육지도사 슈퍼바이저**의 응시자격은 한국반려동물매개치료협회의 정회원 이상으로 관련학과 석사 이상인 자로써 다음 각 호에 모두 해당하는 자로 한다. 단, 반려동물매개심리상담사 슈퍼바이저 자격이 있는 경우 중복이 되어도 모두 인정한다.
  1. 전문가 자격을 취득하고 1년 이상이 경과한 자
  2. 본 협회에서 인정하는 관련분야 강의경력 1,000시간 이상인 자
  3. 본 협회에서 인정하는 임상지도 매년 50시간 이상 경력자(연속 3년 이상)
  4. 본 협회에서 인정하는 학술지에 논문 3회 이상 게재한 자
  5. 본 협회에서 인정하는 학술발표 5회 이상인 자
  6. 본 협회의 검정기준에 따른 반려동물매개심리상담사 슈퍼바이저 자격을 취득한 자

4. 등급별 시험과목

시험과목 (2급)	시험형태 및 문항 수			시험시간
	필기시험 객관식(4지선다형)	실기시험 (작업형)	합계	
동물매개교육	25문항	0문항	25문항	10:30 ~ 12:30 (120분)
동물행동의 이해	25문항	0문항	25문항	
도우미동물관리	25문항	0문항	25문항	
교육심리학	25문항	0문항	25문항	

시험과목 (1급)	시험형태 및 문항 수			시험시간
	필기시험 객관식 (4지선다형)	실기시험 (작업형)	합계	
교육심리학	25문항	0문항	25문항	10:30 ~ 13:00 (150분)
발달심리학	25문항	0문항	25문항	
프로그램개발과 평가	25문항	0문항	25문항	
도우미동물관리	25문항	0문항	25문항	
동물보호법	25문항	0문항	25문항	
동물매개교육지도 임상실무	0문항	10문항	10문항	14:00 ~ 15:30 (90분)

시험과목 (전문가)	시험형태 및 문항 수			시험시간
	필기시험 객관식 (4지선다형)	실기시험 (작업형)	합계	
동물매개교육지도 임상실무	0문항	5문항	5문항	10:30 ~ 13:00 (150분)
동물매개교육지도 프로그램개발과 평가	0문항	5문항	5문항	

시험과목 (슈퍼바이저)	시험형태 및 문항 수			시험시간
	필기시험 객관식 (4지선다형)	실기시험 (작업형)	합계	
동물매개교육지도의 슈퍼비전	0문항	10문항	10문항	14:00 ~ 17:00 (180분)

동물체험학습지도사
(Animal-Experience Education Instructor)

민간자격등록 제2017-001389호

1. 동물체험학습지도사의 직무내용

① 한국반려동물매개치료협회의 자격인 '동물체험학습지도사'의 직무는 다음 각 호와 같다.
  1. 동물을 활용한 체험을 통해 감각의 발달과 인지, 정서, 행동, 사회적 관계 등의 성장에 도움이 되는 학습프로그램을 운영한다.
  2. 구조화된 교육을 통해 생물복지 및 자연환경에 대한 인식을 향상시키고 생명존중과 정서지능의 발달을 도모한다.
  3. 동물의 생태적 특성에 대한 이해를 통해 환경문제에 대한 인식을 발전시킨다.

2. 자격등급과 검정기준

자격종목	등급	검정기준
동물체험학습 지도사 자격증	1급	전문가로서 동물체험학습에 대한 전반적인 지식과 동물체험학습에 관한 이론을 기반으로 한 실무적 지식을 갖추고 동물체험학습프로그램을 운영할 수 있는 책임자로서의 상급 수준의 능력을 평가함.
	2급	동물체험학습에 대한 전반적인 지식과 동물체험학습지도에 관한 이론적 기반으로 동물체험학습프로그램의 실무자로, 프로그램에 대한 이해와 적용능력을 갖춘 수준

3. 응시자격

① 동물체험학습지도사 2급의 응시자격은 다음 각 호에 해당하는 자로 한다.
  1. 본 협회에서 인정하는 연수교육 50시간 이상 수료자
  2. 본 협회와 상호협력을 협약한 기관(연수교육 40시간 이상)
  3. 성과 관련된 모든 범죄 경력이 없으며 성범죄경력조회에 동의하는 자
② 동물체험학습지도사 1급의 응시자격은 한국반려동물매개치료협회의 정회원 이상으로 관련학과 전문

대학졸업자(졸업예정자 포함) 이상인 자 또는 3년 이상 동물체험 프로그램을 관리하거나 동물체험 프로그램 업무를 한 경력이 있는 자로써 다음 각 호에 모두 해당하는 자로 한다.
  1. 2급 자격을 취득하고 6개월 이상이 경과한 자
  2. 본 협회에서 인정하는 교육과정 100시간 이상 이수자(누적)
  3. 본 협회에서 인정하는 동물체험학습지도 100시간 이상 경력자
  4. 성과 관련된 모든 범죄 경력이 없으며 성범죄경력조회에 동의하는 자

4. 등급별 시험과목

시험과목 (2급)	시험형태 및 문항 수			시험시간
	필기시험 객관식 (4지선다형)	실기시험 (작업형)	합계	
동물학개론	25문항	0문항	25문항	10:30 ~ 12:30 (120분)
교육학개론	25문항	0문항	25문항	
체험프로그램개발 방법론	25문항	0문항	25문항	
동물복지와 법규	25문항	0문항	25문항	

시험과목 (1급)	시험형태 및 문항 수			시험시간
	필기시험 객관식 (4지선다형)	실기시험 주관식 (작업형)	합계	
교육심리학	25문항	0문항	25문항	10:30 ~ 12:30 (120분)
발달심리학	25문항	0문항	25문항	
체험프로그램개발과 평가	25문항	0문항	25문항	
동물관리법	25문항	0문항	25문항	
동물체험학습지도 임상실무	0문항	10문항	10문항	14:00 ~ 15:30 (90분)

반려동물보육사
(Professional Pet Sitter)

민간자격등록 제2018-002980호

1. 반려동물보육사의 직무내용

① 한국반려동물매개치료협회의 자격인 '반려동물보육사'의 직무는 다음 각 호와 같다.

1. 반려동물을 돌봐주는 전문펫시터로 반려동물의 생애주기를 이해하고 반려동물 정서, 행동, 감각, 사회성의 성장에 도움이 되는 보육 프로그램의 개발과 운영
2. 구조화된 반려동물 돌봄 서비스시설 운영관리
3. 반려동물의 양육에 대한 포괄적인 상담
4. 반려동물의 학대 및 유기예방 활동 등 동물의 생명보호 및 복지증진 활동
5. 그 밖의 사람과 반려동물의 조화로운 공존을 위한 사회사업과 봉사

2. 자격등급과 검정기준

자격종목	등급	검정기준
반려동물보육사	1급	전문가로서 반려동물에 대한 전반적인 지식과 반려동물관리에 관한 이론을 기반으로 한 실무적 지식을 갖추고 반려동물보육관리프로그램을 운영할 수 있는 책임자로서의 상급 수준의 능력을 평가함.
	2급	반려동물에 대한 전반적인 지식과 반려동물보육에 관한 이론을 기반으로 한 반려동물보육프로그램의 실무자로, 프로그램에 대한 이해와 적용능력을 갖춘 수준

3. 응시자격

① **반려동물보육사 1급**의 응시자격은 한국반려동물매개치료협회의 정회원 이상으로 관련학과 전문대학 졸업자(졸업예정자 포함) 이상인 자 또는 고등학교 졸업 이상의 학력으로 3년 이상 반려동물보육 프로그램을 관리하거나 반려동물보육 업무를 한 경력이 있는 자로써 다음 각 호에 모두 해당하는 자로 한다.

1. 2급 자격을 취득하고 6개월 이상이 경과한 자
2. 본 협회에서 인정하는 교육과정 100시간 이상 이수자

3. 본 협회에서 인정하는 반려동물보육 100시간 이상 경력자

4. 성과 관련된 모든 범죄 경력이 없으며 성범죄경력조회에 동의하는 자

5. 「동물보호법」, 「가축전염병예방법」, 「축산물위생관리법」, 또는 「마약류관리에 관한 법률」을 위반하여 금고 이상의 범죄 경력이 없는 자

② 반려동물보육사 2급의 응시자격은 한국반려동물매개치료협회의 정회원 이상으로 다음 각 호에 모두 해당하는 자로 한다.

1. 본 협회에서 인정하는 연수교육 50시간 이상 수료자
   - 본 협회와 상호협력을 협약한 기관(연수교육 40시간 이상)

2. 성과 관련된 모든 범죄 경력이 없으며 성범죄경력조회에 동의하는 자

4. 등급별 시험과목

시험과목 (2급)	시험형태 및 문항 수			시험시간
	필기시험 객관식 (4지선다형)	실기시험 (작업형)	합계	
반려동물학개론	25문항	0문항	25문항	
반려동물행동	25문항	0문항	25문항	10:30 ~ 12:30 (120분)
반려동물보육관리	25문항	0문항	25문항	
반려동물관계법	25문항	0문항	25문항	

시험과목 (1급)	시험형태 및 문항 수			시험시간
	필기시험 객관식 (4지선다형)	실기시험 주관식 (작업형)	합계	
반려동물간호학	25문항	0문항	25문항	
반려동물행동학	25문항	0문항	25문항	10:30 ~ 12:30 (120분)
반려동물 보육관리	25문항	0문항	25문항	
동물복지 및 관계법규	25문항	0문항	25문항	
반려동물보육관리 실무	0문항	10문항	10문항	14:00 ~ 15:30 (90분)

　반려동물산업은 주로 동물의 생애주기를 중심으로 발전해 왔으며 반려동물의 이해와 관리적인 측면이 강조되어 왔다. 우리사회는 대략 25%의 사육가구와 1,000만 명의 반려인이 있고 이들이 반려동물 문화를 만들어내며 발전적 변화의 가능성을 보여주고 있다. 이제는 생애주기관리에서 벗어나 반려동물과 어떻게 조화로운 공존을 할 것인가를 해결해야 하는 시대가 되었다.

　이러한 변화에 서울시는 동물 공존 도시를 선언하기에 이르렀고, 새로운 정책들이 속속 등장하고 있다. 2019년 3월에 시행된 동물보호법의 목적은 사람과 동물과의 조화로운 공존을 위한 법으로 개정되었고 모든 국민은 동물보호를 위해 노력해야 한다는 내용을 포함하고 있다.

　공저자는 조화로운 공존과 반려동물문화의 성숙한 변화에 앞장서고자 지난 시간 동안 발전시켜온 동물매개치료의 대중화를 위해 본서를 발간하게 되었다.

　그간 동물매개분야의 발전을 위해 힘써온 많은 기관과 협회 등의 활동들이 있었으나 그 방법에 대해 구체적인 프로그램의 예를 알아보는 것은 소속된 구성원이 아니면 알기 어려운 부분이 많았다. 이러한 어려움으로 인해 동물매개분야의 대중화는 쉽게 해결될 수 없어 오랜 시간 동안 반려동물산업의 주변에서 맴돌게 되었다.

　이 책은 이러한 문제의식에서 시작되었고 일반 대중이 쉽게 접근할 수 있는 프로그램으로 50가지를 선정하여 활용할 수 있도록 구성했다.

　또한 공저자는 동물매개치료를 동물의 개입 정도에 따라 무관여, 최소관여, 저관여, 중관여, 고관여 프로그램으로 다섯 가지로 구분하였다. 첫째, 무관여 프로그램은 현장에 동물의 개입 없이 사진이나 영상 등을 통해 프로그램을 전개하는 방식이며, 동물공포나 감염의 우려가 있는 환자 등을 대상으로 한다. 둘째, 최소관여 프로그램은 동물이 특별한 역할을 하지 않고 단순히 현장에 있기만 하는 방식, 셋째, 저관여 프로그램은 동물이 현장에 있고 프로그램의 일부에만 개입되는 방식, 넷째, 중관여 프로그램은 동물이

프로그램의 전체에 개입되는 경우, 다섯째, 고관여 프로그램은 동물에게 전적으로 의존되는 프로그램 방식으로 설명할 수 있다.

이러한 세분화의 장점은 첫째, 다양한 관여도를 이용하면 내담자의 특성을 반영한 프로그램으로 설계할 수 있고, 둘째는 치료도우미동물의 복지를 적극적으로 방어할 수 있으며, 셋째는 동물 의존적 프로그램들보다는 흥미와 효과를 높일 수 있는 다양한 형식으로 프로그램이 설계될 수 있다는 점이다.

공저자는 동물매개치료를 도입하고 전파하는 시대를 넘어 효과적인 프로그램으로 발전시켜 다수가 이용할 수 있어야 한다는 사명감으로 새로운 프로그램을 개발하였고, 각각의 프로그램을 초기, 중기, 종결 세 부분으로 나누어 정리하였다.

우리나라의 동물매개치료분야의 선각자들이 외국의 사례를 국내에 전파하는데 역할을 했다면 공저자는 우리의 문화와 환경에 적합한 동물매개치료프로그램의 개발과 정착을 위해 노력하고 있으며, 연간 600회기의 임상과 다양한 기관에서 활동한 경험을 통해 국내의 특수 환경을 이해하게 되었고, 단순 이식은 적합하지 않다는 결론을 얻게 되었다.

눈이 오는 추운 겨울, 비가 오는 장마철, 우리를 기다리는 힘들고 지친 분들을 만나서 사랑하는 반려견과 행복을 나눈다는 것은 쉽지 않았던 일이었다. 사람과 동물이 같은 공간에 있는 것을 불편해하는 시민들을 만나는 경우도 있었지만, 반려인과 비반려인이 화합하고 동물을 통해 행복할 수 있는 공존의 사회가 되길 바라면서 서로 격려하고 응원하며 만들어온 프로그램이기에 독자 분들이나 이 프로그램을 활용할 동물매개치료사들이 그 가치를 사랑해 주리라 믿는다. 향후에도 우리는 보다 발전적인 동물매개치료를 위해 노력할 것이며, 그 길에도 여러분의 격려와 응원이 더해지길 한국반려동물매개치료협회와 동물친구교실이 함께 최선을 다하려 한다.

대표 저자 김복택

차례 •••

초기 프로그램

중기 프로그램

후기 프로그램

반려동물매개치료 프로그램

초기 프로그램

프로그램 단계	(초기) / 중기 / 후기	소요시간	1시간

프로그램 개요	각 담당 상담사들을 소개한 후 동물친구들을 소개한다. 종과 이름, 나이, 성별, 특징 등에 대해 설명하며 인사를 나눈 후 자신을 소개할 수 있는 명찰을 만든다. 명찰을 만들고 자기소개를 한 후 동물친구들과 자유 시간을 가진다.

준비물	주요 재료: 명찰, 도화지, 색연필, 사인펜, 가위 꾸미기 재료: 꾸미기 스티커

프로그램 기대효과	1. 담당 상담사 및 동물친구와의 라포 형성 2. 대상자의 인지기능수준 정도 파악 3. 대상자의 동물에 대한 반응 정도 파악 4. 동물친구를 만날 때 주의사항, 방법에 대한 학습

집단형태	(개인) / 집단

활동유형	동적 / (정적)

운영가이드	인지 : 정서 : 행동 = 4 : 4 : 2

사전준비	* 도화지를 명찰에 들어갈 정도의 크기로 나누어 자른다. * 도화지는 대상자의 명수에 맞춰 준비한다.

사 진

❶

❷

❸

❹

진행방법

❶ 상담사와 동물친구가 함께 앞으로 나가 자기소개를 하는 시간을 갖는다.

❷ 소개하는 시간을 가진 후 대상자들이 착용할 명찰에 자신의 이름을 직접 적어보도록 유도한다.

❸ 대상자들이 자신의 이름을 적은 후에 각종 꾸미기 스티커로 꾸민다.

❹ 완성된 명찰은 매 회기에 사용한다.

반려동물의 개입

* 각 조마다 동물친구가 한 마리씩 투입되어 '짝꿍 강아지'라고 동물친구를 소개시켜주고 친밀
감을 형성할 수 있도록 도와준다.

🔊 Tip

* 상담사와의 첫 만남이기도 한 만큼 명찰에 상담사 이름을 적어 대상자가 이를 인지할 수
있도록 한다.

프로그램 02 간식통 만들기 [저관여 프로그램]

프로그램 단계	ⓐ초기 / 중기 / 후기	**소요시간**	1시간

프로그램 개요
매회기 수업시간마다 사용할 개인별 간식통을 만든다. 상자 크기에 맞는 펠트지 조각을 찾아 붙인 후 비즈 스티커와 꾸미기 스티커로 꾸며준다. 직접 만든 간식통에 간식을 받아 동물친구들과 자유 시간을 가진다.

준비물
주요 재료: 하드보드지, 펠트지, 투명필름, 양면테이프, 글루건, 가위
꾸미기 재료: 비즈 스티커, 모루, 나무 비즈, 스팡클

프로그램 기대효과
1. 담당 상담사 및 동물친구와의 라포 형성
2. 간식을 주는 주도권을 가짐으로써 스킨십 활동의 자발성 강화
3. 동물친구와의 친밀감 강화
4. 결과물의 완성을 통한 성취감 및 만족감 획득

집단형태 개인 / 집단

활동유형 동적 / 정적

운영가이드 인지 : 정서 : 행동 = 3 : 5 : 2

사전준비
* 하드보드지를 상자 모양으로 접을 수 있도록 모양을 만들어 인원수대로 준비한다.
* 펠트지를 상자 모양에 맞춰 자른 후 대상자들 개인별로 지퍼백에 하드보드지 상자와 함께 담는다.

사 진

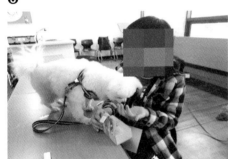

진행방법

❶ 간식통의 용도에 대해 설명한 후 하드보드지 상자에 양면테이프를 붙여 사전에 준비한 펠트지를 붙인다.

❷ 펠트지를 붙인 상자 위에 꾸미기 스티커를 사용하여 꾸며본다.

❸ 완성된 간식통에 간식을 담아 동물친구들과 자유시간을 보낸다.

❹ 매 회기 대상자가 동물친구와 자유시간을 보낼 때 사용할 수 있도록 한다.

반려동물의 개입

* 완성된 간식통에 간식을 넣어주고 대상자들이 동물친구들에게 간식을 주도록 한다.

🔊 Tip

* 모루를 사용하여 손잡이를 만들 때 대상자들이 자신이 원하는 색깔을 고르게 하여 만들면 결과물에 대한 만족감이 상승할 수 있다.

* 펠트지는 접착 펠트지를 사용하면 양면 테이프를 사용하지 않을 수 있다.

출석부 만들기 [최소관여 프로그램]

프로그램 단계	초기 / 중기 / 후기	소요시간	1시간

프로그램 개요	동물친구들의 이름, 나이, 특징 등 기본 사항에 대해 소개한 후, 동물친구들과 함께 프로그램을 진행할 때의 주의사항, 방법 등에 대해 알아본다. 인사를 나누고 나면 앞으로 매 회기 수업시간 동안 사용할 출석부를 만들고 동물친구들과 자유 시간을 가진다
준비물	주요 재료: 하드보드지, 색연필, 사인펜, 유성매직, 마스킹 테이프, 손 코팅지 꾸미기 재료: EVA 스티커, 비즈 스티커, 하트 스티커(출석용)
프로그램 기대효과	1. 담당 상담사 및 동물친구와의 라포 형성 2. 대상자의 인지기능수준 및 동물에 대한 반응 정도 파악 3. 앞으로 함께 할 수업에 대한 기대감 형성 4. 동물친구를 만날 때의 주의사항, 방법 등에 대한 학습
집단형태	개인 / 집단
활동유형	동적 / 정적
운영가이드	인지 : 정서 : 행동 = 4 : 4 : 2
사전준비	* 하드보드지를 칼집을 내어 반으로 접은 후 대상자가 색칠할 수 있도록 밑그림을 그린다. * 출석부에 붙일 동물친구들의 사진을 인쇄 및 코팅한다.

진행방법

❶ 하드보드지에 그려져 있는 밑그림을 대상자가 색연필로 색칠할 수 있도록 유도하고 동물친구들의 사진을 붙인다.

❷ 색칠이 끝난 후 꾸미기 재료들로 대상자들만의 출석부를 꾸미도록 유도한다.

❸ 출석부를 꾸민 후에는 출석표를 붙여 대상자들이 몇 번 와야 하는지를 설명해준다.

❹ 매 회기 대상자가 출석했을 때 출석 스티커를 주어 스스로 붙일 수 있도록 한다.

반려동물의 개입

* 매 회기 출석부에 나와 있는 동물친구들을 찾아보게 한 뒤 동물친구들에게 간식을 주며 인사를 나눈다.

🔊 Tip

* 대상자들에게 출석 스티커를 모두 모으면 선물이 있음을 이야기하면 흥미를 유발할 수 있고 출석률과 참여율 또한 높일 수 있다.

규칙판 만들기 [저관여 프로그램]

프로그램 단계	ⓐ초기 / 중기 / 후기	소요시간	1시간

프로그램 개요
동물친구들과 수업할 때 지켜야 할 주의사항, 규칙 등에 대해 생각해보고 규칙판에 적은 후 매 회기에 사용하여 규칙을 잘 지켰을 때 보상물로 스티커를 받는다.

준비물
주요 재료: 하드보드지, 동물친구 사진, 유성매직, 색연필
꾸미기 재료: EVA 스티커, 비즈 스티커, 동물모양 스티커

프로그램 기대효과
1. 담당 상담사 및 동물친구와의 라포 형성
2. 대상자의 인지기능수준 및 동물에 대한 반응 정도 파악
3. 규칙을 지키는 과정을 통한 자기통제능력 강화
4. 동물친구를 만날 때의 주의사항, 방법 등에 대한 학습

집단형태
ⓐ개인 / 집단

활동유형
동적 / ⓐ정적

운영가이드
인지 : 정서 : 행동 = 5 : 3 : 2

사전준비
* 하드보드지를 칼집을 내어 반으로 접은 후 대상자가 색칠할 수 있도록 밑그림을 그린다.
* 규칙판에 붙일 동물친구들의 사진을 인쇄 및 코팅한다.

사 진

진행방법

❶ 하드보드지에 그려져 있는 밑그림을 대상자가 색연필로 색칠할 수 있도록 유도하고 동물친
   구들의 사진을 붙인다.

❷ 색칠이 끝난 후 꾸미기 재료들로 대상자들만의 규칙판을 꾸미도록 유도한다.

❸ 규칙판을 꾸민 후에는 상담사와 대상자가 상의하여 규칙을 정한 후 유성매직으로 규칙을 대
   상자가 직접 적도록 한다.

❹ 프로그램 종료 후 대상자가 규칙을 지켰을 때 보상으로 '칭찬' 스티커를 부여한다.

반려동물의 개입

* 초기 프로그램으로 동물친구와의 인사법과 주의사항, 그리고 간식 주는 법을 알려주고 라포
  형성을 할 수 있도록 대상자의 태도를 주의 깊게 살피며 동물친구와 접촉해본다.

📢 Tip

* 인지기능이 낮은 발달장애인을 대상으로 진행할 경우 상담사와 상의하여 규칙을 정하는 것이
  어려워 상담사가 대상자가 지킬 수 있을 수준의 규칙을 정한다.

프로그램 단계	초기 / 중기 / 후기	소요시간	1시간

프로그램 개요
사람과 동물의 공통점에 대해 대화를 나눠보고 생명이 가진 공통점(심장이 뜀)을 느껴보기 위해 청진기를 사용하여 자신과 동물친구의 심장소리를 들어본 후 도화지에 표현해본다. 모든 대상자의 그리기가 끝나면 발표시간을 가진다.

준비물
주요 재료: 청진기, 도화지, 색연필, 사인펜
꾸미기 재료: 없음

프로그램 기대효과
1. 담당 상담사 및 동물친구와의 라포 형성
2. 동물친구와의 자연스러운 스킨십 유도
3. 청각의 시각화를 통한 표현력 및 창의력 향상
4. 생명존중 의식 함양

집단형태
개인 / 집단

활동유형
동적 / 정적

운영가이드
인지 : 정서 : 행동 = 4 : 4 : 2

사전준비
* 낯선 물건에 민감하게 반응하는 동물친구가 있는 경우 청진기에 대한 둔감화를 시켜준다.

❶

❷

❸

❹

진행방법

❶ 청진기의 사용법과 주의사항에 대해 설명해준다.

❷ 대상자 자신의 심장소리를 들어보고 동물친구의 심장소리를 들은 후 어떤 차이점이 있는지
에 대해 이야기 나눈다.

❸ 심장소리를 들은 후 자신의 심장소리와 동물친구의 심장소리를 그림으로 표현할 수 있도록
유도한다.

❹ 완성된 그림을 다른 대상자들 앞에서 발표하여 서로의 생각을 공유한다.

반려동물의 개입

* 동물의 심장소리를 들을 때 되도록 모든 동물친구들이 투입되어 동물친구의 심장소리를 들을
수 있도록 한다.

📢 Tip

* 심장소리를 들을 때 대상자 혼자서 하는 것이 아니라 상담사가 동물친구를 안정시킨다.
* 상담사는 대상자들이 청진기를 착용하고 큰 소리를 내는 등의 행동을 하지 않도록 한다.

프로그램 06 동물친구 사전 만들기 [저관여 프로그램]

프로그램 단계	(초기) / 중기 / 후기	소요시간	1시간

프로그램 개요	동물친구들의 기본 정보(이름, 나이, 성별 등)와 특징(좋아하는 것, 싫어하는 것 등)을 기억하기 위해 동물친구들의 사전을 만들어 본다.

준비물	주요 재료: 동물친구 사진, 정보, 색연필, 가위, 양면테이프, 사인펜 꾸미기 재료: EVA 스티커, 동물 모양 스티커, 각종 스티커

프로그램 기대효과	1. 담당 상담사 및 동물친구와의 라포 형성 2. 동물친구의 기본 정보 및 특징에 대한 복습 및 기억 강화 3. 시각 자료를 통한 동물친구에 대한 인지 강화 4. 결과물 완성을 통한 성취감 및 만족감 획득

집단형태	(개인) / 집단

활동유형	동적 / (정적)

운영가이드	인지 : 정서 : 행동 = 5 : 3 : 2

사전준비	* 머메이드지로 동물친구들의 수에 맞게 사전 속지를 만든다. * 동물친구들의 사진과 기본 정보를 인쇄 및 코팅한 후 대상자들의 수에 맞게 지퍼백에 넣는다.

사 진

진행방법

❶ 상담사와 대상자가 함께 동물친구들의 생김새와 기본 정보(이름, 나이, 성별, 좋아하는 것, 싫어하는 것 등)에 대해 학습한다.

❷ 준비된 동물친구들의 사진과 기본 정보를 양면테이프를 사용하여 동물친구 사전에 붙인다.

❸ 사진과 기본 정보를 붙인 후 꾸미기 스티커를 사용하여 대상자만의 사전을 만든다.

❹ 동물친구 사전을 들고 사진을 찍은 후 대상자들에게 동물친구들이 보고 싶을 때 사용할 수 있게 한다.

반려동물의 개입

* 기본 정보에 대한 학습을 동물들과 함께 해서 동물친구들에 대한 이해를 돕는다.

🔊 Tip

* 프로그램 진행 시 각 대상자의 인지기능에 맞춰 기본 정보를 준비하고 동물친구의 이름, 나이, 성별 또는 추가적으로 좋아하는 것, 싫어하는 것을 준비하여 학습의 난이도를 조절한다.

프로그램 단계	초기 / 중기 / 후기	소요시간	1시간

프로그램 개요	동물친구의 측면 사진 위에 OHP필름을 붙이고 형태를 유성매직으로 따라 그린다. 필름만 떼어 하드보드지 위에 붙여 스티커로 꾸민 후 하드보드지에 모루를 달아 손잡이를 만들어 완성한다.
준비물	주요 재료: 동물측면사진, OHP필름, 스카치테이프, 유성매직, 비즈 꾸미기 재료: 비즈 스티커, EVA 스티커
프로그램 기대효과	1. 담당 상담사 및 동물친구와의 라포 형성 1. 동물친구의 생김새에 대한 자연스러운 학습 2. 다양한 꾸미기 재료로 자유롭게 작품을 꾸미며 표현력을 향상 3. 완성도 높은 결과물을 통한 성취감 획득
집단형태	개인 / 집단
활동유형	동적 / 정적
운영가이드	인지 : 정서 : 행동 = 5 : 3 : 2
사전준비	* 동물친구의 측면 사진을 찍어 인쇄한 후에 OHP필름을 사진 위에 올려 스카치테이프로 고정한다.

진행방법

❶ 동물친구의 생김새와 신체부위에 대해 상담사와 대상자가 함께 학습한다.

❷ 사진 위에 붙은 OHP필름 위에 동물친구의 몸 윤곽선을 유성매직으로 따라 그린다.

❸ 몸 윤곽선 안에 여러 가지 꾸미기 재료들을 사용하여 대상자가 원하는 자신만의 강아지 그림을 꾸밀 수 있도록 한다.

❹ 완성된 결과물을 하드보드지에 붙인 후 대상자들이 자신의 결과물에 대해 차례대로 발표하는 시간을 갖는다.

반려동물의 개입

* 프로그램을 진행하는 동안 동물친구가 대상자의 옆에 자리하여 학습의 이해를 돕는다.

◆ Tip

* 대상자가 프로그램에 대한 이해가 부족할 때 상담사가 먼저 시범을 보여 방법을 알려준 후 대상자가 혼자 시도할 수 있도록 유도한다.

프로그램 단계	ⓔ초기 / 중기 / 후기	소요시간	1시간

프로그램 개요	신체 카드를 이용하여 자신과 동물친구의 공통점과 차이점을 알아보고 준비된 밑그림(대상자와 동물친구의 얼굴)에 빠진 부분을 관찰하여 그린다.

준비물	주요 재료: 도화지, 하드보드지, 신체기관 카드, 색연필 꾸미기 재료: 스마일 스티커, 하트모양 스티커

프로그램 기대효과	1. 담당 상담사 및 동물친구와의 라포 형성 2. 사람과 동물의 신체의 차이점과 공통점의 이해를 통해 하나의 생명체로 동물친구를 인식하기 3. 생명존중 의식 함양 4. 관찰하여 그리는 과정을 통한 관찰력 및 자기표현력 향상

집단형태	개인 / 집단

활동유형	동적 / 정적

운영가이드	인지 : 정서 : 행동 = 4 : 4 : 2

사전준비	* 하드보드지에 사람과 동물의 밑그림을 그려간다(몸의 형태와 얼굴의 형태만 그린다). * 여 대상자, 남 대상자를 구분하여 밑그림을 그린다.

❶

❷

❸

❹

진행방법

❶ 대상자 자신의 얼굴과 동물친구의 얼굴을 보며 어떤 차이점과 공통점이 있는지 이야기를 나눈다.

❷ 거울을 보고 대상자가 자신의 얼굴을 그리고 동물친구의 얼굴도 그려보도록 한다.

❸ 그림을 그린 후에는 색연필로 색칠을 한다.

❹ 다시 한 번 대상자와 동물친구의 신체의 공통점과 차이점에 대해 이야기를 나눈 후 결과물을 들고 사진을 찍도록 한다.

반려동물의 개입

* 신체를 관찰할 때 동물친구와 함께하여 대상자가 자세히 관찰할 수 있도록 한다.

📢 Tip

* 발달장애인을 대상으로 프로그램 진행 시 자신의 신체를 그리지 못할 경우 상담사가 대상자의 손을 잡고 함께 그려 대상자가 참여할 수 있도록 한다.

동물친구 정보 알아보기 [최소관여 프로그램]

프로그램 단계	ⓐ초기 / 중기 / 후기	소요시간	1시간

프로그램 개요
동물친구들의 기본 정보들에 대해 복습한 후 동물친구의 사진으로 만든 주사위를 가지고 조별로 주사위 게임을 한다. 주사위를 굴려 나온 동물친구의 정보에 맞는 정답 카드를 골라 정답판에 붙인다.

준비물
주요 재료: 동물친구 주사위, 정답판, 정답 카드
꾸미기 재료: 꾸미기 스티커

프로그램 기대효과
1. 동물친구의 기본 정보에 대한 복습 및 기억 강화
2. 게임 형식의 수업을 통해 참여도 향상
3. 조별 활동을 통한 대상자들 간의 교류 증진
4. 게임 성공을 통한 성취감 획득

집단형태
개인 / 집단

활동유형
동적 / 정적

운영가이드
인지 : 정서 : 행동 = 5 : 3 : 2

사전준비
* 하드보드지를 사용하여 주사위를 만든 후 모든 면에 동물친구들의 사진을 붙여 동물친구 주사위를 만든다.
* 동물친구들의 기본 정보가 나와 있는 종이를 인쇄하여 코팅한다.

<h1 style="text-align:center">사 진</h1>

진행방법

❶ 대상자별로 차례대로 주사위를 던진다.

❷ 주사위를 던져 나온 동물친구의 사진을 보고 이름, 나이, 성별 등 기본 정보가 적힌 카드를 정답판에 붙인다.

❸ 진행자가 정답판을 확인한 후 정답을 말하고 다른 대상자가 주사위를 던지도록 한다.

❹ 모든 대상자들이 서로를 격려하고 칭찬하며 마무리한다.

반려동물의 개입

* 대상자가 주사위를 던져 나온 동물친구의 정보를 기억하지 못할 때는 동물친구와 함께하여 기본 정보를 상기시켜 준다.

✨ Tip

* 조별 활동이기에 대상자들이 어색해 하며 참여하지 않으려고 하면, 상담사가 유쾌한 분위기를 연출하여 대상자가 재미있게 프로그램을 참여할 수 있도록 한다.

프로그램 단계	초기 / 중기 / 후기	소요시간	1시간

프로그램 개요
나무 밑그림을 색칠한 뒤, 함께 수업하는 조원 친구들의 사진을 사과 모양으로 잘려진 종이에 붙인다. 밑그림에 사과를 붙인 뒤 사진 위에 알맞은 이름표를 찾아 붙여 나무를 완성한다.

준비물
주요 재료: 하드보드지, 색연필, 사인펜, 조원 사진, 풀, 가위
꾸미기 재료: EVA 스티커, 비즈 스티커, 꾸미기 스티커

프로그램 기대효과
1. 함께 참여하는 조원 친구들에 대한 인지
2. 집단 소속감 획득
3. 결과물의 완성을 통한 성취감 획득
4. 조원들 간의 교류 증진

집단형태
개인 / 집단

활동유형
동적 / 정적

운영가이드
인지 : 정서 : 행동 = 5 : 3 : 2

사전준비
* 나무의 밑그림을 그리고 대상자들의 사진을 코팅하여 조별로 준비한다.

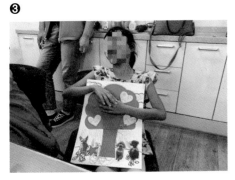

진행방법

❶ 하드보드지에 그려진 나무의 밑그림을 색칠한다.

❷ 색칠한 나무를 여러 가지 꾸미기 스티커로 꾸며본다.

❸ 같은 조원들의 사진을 나무에 붙이고 조원들의 이름과 사진을 연결시켜 보도록 한다.

❹ 조원나무를 완성한 후에 조원들끼리 인사 또는 대화를 하는 시간을 가진다.

반려동물의 개입

* 조마다 짝꿍 동물친구를 지정하여 대상자가 조원에 대해 학습할 때 짝꿍 동물친구와 함께 한다.

📢 Tip

* 인지기능이 낮거나 발달장애의 특성이 강하게 나타나는 대상자의 경우 담당 상담사가 부분적
으로 글씨 쓰기와 색칠을 도와준다.

반려동물매개치료 프로그램

중기 프로그램

프로그램 단계	초기 / (중기) / 후기	**소요시간**	1시간

프로그램 개요	방석을 만드는 이유에 대해 알아보고 펠트지의 구멍에 실을 꿴 후 솜을 넣고 다양한 꾸미기 재료로 예쁘게 꾸며준다. 동물친구에게 방석을 깔아주고 편안하게 쉬는 모습을 관찰한다.

준비물	주요 재료: 펠트지, 털실, 솜, 가위, 양면테이프, 펀치 꾸미기 재료: EVA 스티커, 펠트지 스티커, 스팡클

프로그램 기대효과	1. 구멍에 털실을 끼워 넣는 과정을 통해 소근육 및 눈과 손의 협응능력, 집중력 강화 2. 동물친구가 방석 위에서 쉬는 모습을 보며 결과물에 대한 이해도 향상 3. 자신이 만든 방석 위에서 편히 쉬는 동물친구의 모습을 관찰하며 만족감 획득

집단형태	(개인) / 집단

활동유형	동적 / (정적)

운영가이드	인지 : 정서 : 행동 = 3 : 3 : 4

사전준비	* 펠트지를 동물친구의 크기에 맞게 자르고 구멍을 뚫어 준비한다. * 펠트지의 구멍에 넣을 털실 끝에 스카치테이프를 붙여 털실 꼬임을 방지한다.

진행방법

❶ 동물친구에게 방석이 필요한 이유를 설명한 후 방석 만들기를 시작한다.

❷ 구멍이 뚫린 펠트지에 털실을 꿴 후 솜을 채운다.

❸ 대상자가 원하는 스티커를 골라 방석을 꾸며준다.

❹ 완성된 방석을 동물친구에게 선물해준 후 동물친구가 방석을 사용하는 모습을 관찰한다.

반려동물의 개입

* 대상자가 선물해준 방석을 동물친구가 사용해본다.

📣 Tip

* 펠트지의 구멍이 촘촘하면 털실을 꿰는 시간이 길어지니 대상자의 특성에 따라 펠트지의 구
멍 간격을 조절한다.

* 방석 안에 솜을 너무 많이 넣으면 동물친구가 사용하기 불편하므로 딱딱하지 않을 정도로만
솜을 채운다.

강아지 친구 감정 알아보기 [저관여 프로그램]

프로그램 단계	초기 / 중기 / 후기	소요시간	1시간

프로그램 개요	동영상으로 강아지 친구들의 행동(이빨 보이는 행동, 꼬리를 흔드는 행동 등)을 보고 동물친구들이 감정을 표현하는 방법에 대해 이해한다.

준비물	주요 재료: PPT 자료, 학습지 꾸미기 재료: 꾸미기 스티커

프로그램 기대효과	1. 동물친구의 감정표현에 대한 이해 2. 동물친구들의 감정을 이해하는 과정을 통한 공감능력 및 동물에 대한 배려심 향상 3. 습득한 내용으로 학습지를 풀어보는 과정을 통해 과제수행능력 향상

집단형태	개인 / 집단

활동유형	동적 / 정적

운영가이드	인지 : 정서 : 행동 = 5 : 4 : 1

사전준비	* PPT 자료와 학습지를 미리 준비해간다. * 대상자의 인지 수준에 맞춰 학습지와 PPT 자료를 만든다.

진행방법

❶ 강아지에게도 감정이 있다는 것을 설명한 후 편안할 때 강아지가 하는 행동을 설명한다.

❷ 강아지가 무서워할 때나 불안해할 때의 행동을 설명한다.

❸ PPT로 학습한 것을 학습지로 다시 한 번 복습한다.

❹ 학습지에 있는 퀴즈를 풀어본다.

반려동물의 개입

* 동물친구와 자유시간을 가질 때 동물친구의 행동을 관찰해보며 PPT자료와 학습지로 배웠던 것을 복습해본다.

🐕 Tip

* 동물친구가 꼬리를 흔들거나 누워있는 모습을 보여주며 설명하면 감정에 대해 더 쉽게 이해 할 수 있다.

미래의 동물친구 꾸미기 [최소관여 프로그램]

프로그램 단계	초기 / (중기) / 후기	소요시간	1시간

프로그램 개요	종이에 그려진 동물친구 그림 위에 나중에 키우고 싶은 반려동물을 상상하며 다양한 꾸미기 재료를 이용해 꾸며본다. 완성한 동물친구에게 이름을 지어주고 나이나 성별 등을 정하며 나만의 동물친구를 완성한다.

준비물	주요 재료: 8절 도화지, 강아지 밑그림, 색연필, 사인펜, 양면테이프, 글루건 꾸미기 재료: EVA 스티커, 털실, 스팡클, 모루, 모양 단추, 색종이

프로그램 기대효과	1. 나만의 강아지를 소장함으로써 즐거움 및 행복감 느끼기 2. 다양한 꾸미기 재료로 자유롭게 작품을 꾸미며 표현력 향상 3. 동물친구의 생김새에 대한 자연스러운 학습 4. 결과물의 완성을 통한 성취감 획득

집단형태	(개인) / 집단

활동유형	동적 / (정적)

운영가이드	인지 : 정서 : 행동 = 3 : 5 : 2

사전준비	* 8절 도화지에 강아지 밑그림을 미리 그려간다.

사 진

❶

❷

❸

❹

진행방법

❶ 준비해간 강아지 밑그림을 어떻게 꾸며줄지 생각해본다.

❷ 자신이 생각한대로 밑그림을 꾸며준 후 이름과 나이, 성별을 적는다.

❸ 자신만의 강아지 친구를 발표해본다.

❹ 완성된 작품을 들고 기념사진을 찍는다.

반려동물의 개입

* 강아지 밑그림과 실제 강아지 친구를 비교하여 관찰해보며 강아지의 신체 학습을 돕는다.

📢 Tip

* 평소 키우고 싶던 반려동물을 상상하며 작품을 만들면 작품의 만족도를 높일 수 있다.

프로그램 단계	초기 / ⟨중기⟩ / 후기	**소요시간**	1시간

프로그램 개요	페이스페인팅으로 반려동물의 얼굴로 변신하고, 동물 귀 모양의 머리띠를 만들어 착용한 후 자신이 어떤 동물로 변신했는지를 발표해본다.

준비물	주요 재료: 펠트지, 털실, 가위, 양면테이프, 페이스페인팅 물감, 물통, 붓, 머리띠 꾸미기 재료: 큐빅 스티커, 모양펠트지, EVA 스티커

프로그램 기대효과	1. 귀와 손바닥을 만드는 과정을 통한 눈과 손의 협응력 향상 2. 원하는 동물친구로 변신함으로써 동물의 생김새, 외관적인 특징 등에 대한 체험 3. 변신한 후 실제 동물친구와 사진을 찍음으로써 즐거움 획득

집단형태	⟨개인⟩ / 집단

활동유형	동적 / ⟨정적⟩

운영가이드	인지 : 정서 : 행동 = 3 : 4 : 3

사전준비	* 발바닥에 털실을 꿰맬 수 있도록 구멍을 미리 뚫어간다. * 머리띠를 펠트지로 미리 말아서 가져간다. * 털실을 쉽게 꿰맬 수 있도록 끝 부분에 스카치테이프를 말아서 가져간다.

❶
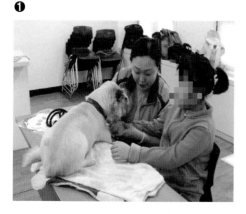

❷

❸

❹

진행방법

❶ 동물친구들의 발과 귀가 어떻게 생겼는지 관찰하도록 한다.

❷ 귀와 발을 만들기 시작하고 다양한 꾸미기 재료로 꾸며본다.

❸ 동물친구와 비슷하게 페이스페인팅 물감으로 얼굴에 수염과 코를 그려본다.

❹ 완성한 귀와 발바닥을 착용한다.

반려동물의 개입

* 귀와 발바닥을 착용하여 자신과 닮은 동물친구와 사진을 찍어본다.
* 스스로 만든 발과 귀를 실제 동물친구들과 비교하여 차이점과 유사점을 알아본다.

🔈 Tip

* 털실 끝 부분에 스카치 테이프를 붙이는 것 대신 아동용 뜨개실을 사용해도 된다.
* 귀와 발바닥 부분에 미리 양면테이프를 붙여 가면 만들기를 할 때 좀 더 수월할 수 있다.
* 대상자가 동물처럼 행동하게 하는 것은 바람직하지 않다.

동물친구 패션 디자이너 [저관여 프로그램]

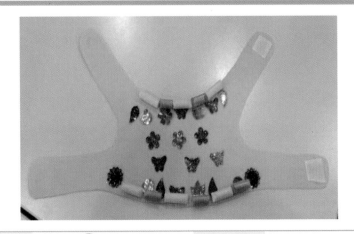

프로그램 단계	초기 / 중기 / 후기 **소요시간** 1시간
프로그램 개요	같은 조 짝꿍 동물의 크기에 맞는 옷 도안을 자르고 원하는 재료를 골라 옷을 꾸며 완성한다. 완성된 옷을 입혀준 후 기념 사진을 찍는다.
준비물	주요 재료: 펠트지, 도안, 연필, 벨크로 테이프, 가위, 양면테이프 꾸미기 재료: 리본, 모양펠트지, 스팡클, 단추, 모루
프로그램 기대효과	1. 직접 도안을 오리고 다양한 꾸미기 재료로 꾸밈으로써 소근육 발달 및 창의력 향상 2. 동물친구에게 자신이 만든 옷을 입혀주고 함께 사진을 찍음으로써 성취감 획득 3. 동물친구를 위해 옷을 만들어 줌으로써 자아효능감 향상
집단형태	개인 / 집단
활동유형	동적 / 정적
운영가이드	인지 : 정서 : 행동 = 2 : 5 : 3
사전준비	* 동물친구의 체격에 맞는 옷 도안을 준비해 간다.

❶

❷

❸

❹

진행방법

❶ 펠트지에 도안을 올려놓고 따라 그린 후 오린다.
❷ 다양한 재료로 옷을 디자인 해본다.
❸ 글루건으로 옷 끝 부분에 벨크로 테이프를 붙인다.
❹ 완성된 옷을 동물친구에게 입히고 함께 사진을 찍는다.

반려동물의 개입

* 대상자가 동물친구에게 옷을 입혀 보도록 한다.
* 옷을 입은 동물친구들과 자유시간을 가져본다.

🔈 Tip

* 대상자의 특성에 따라 도안을 미리 그리거나, 오려가는 것이 원활한 프로그램 진행에 도움이 될 수 있다.
* 사고 예방을 위해 글루건은 상담사가 대신 해주는 것이 바람직하다.

프로그램 단계	초기 / 중기 / 후기	소요시간	1시간

프로그램 개요	동물친구에게도 편안한 휴식공간이 필요하다는 것을 설명해준 후 상자에 무늬 색종이 스티커를 붙여 동물친구의 집을 만들어 선물해준다. 동물친구의 집을 만들 때에는 조원들과 협력하여 만든다.

준비물	주요 재료: 종이, 상자, 가위, 양면테이프, 하드보드지, 벨크로 테이프 꾸미기 재료: 무늬 색종이 스티커, 리본, 모루, 모양펠트지

프로그램 기대효과	1. 팀원들과 함께 집을 만들고 꾸미는 과정을 통한 협동심 향상 2. 동물친구가 편하게 휴식을 취하는 모습을 보며 성취감 획득 3. 동물친구들도 사람과 같이 안락한 공간에서 휴식할 필요가 있음을 이해시킴으로써 배려심 향상

집단형태	개인 / 집단

활동유형	동적 / 정적

운영가이드	인지 : 정서 : 행동 = 3 : 3 : 4

사전준비	* 지붕과 벽이 분리되지 않도록 미리 벨크로 테이프로 작업한다. * 상자를 집모양으로 사전에 재단해 가져간다.

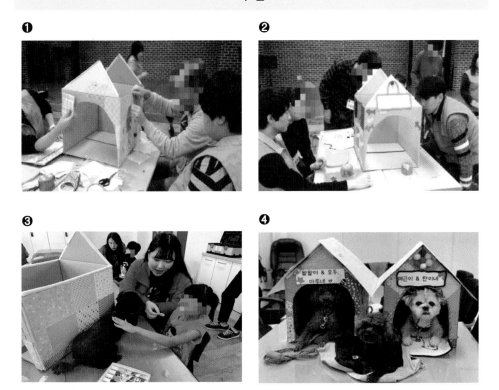

진행방법

❶ 조별로 무늬 색종이 스티커로 집에 붙여준다.
❷ 다양한 꾸미기 재료로 집을 꾸며준다.
❸ 문패와 지붕을 만들어 단단하게 고정한다.
❹ 동물친구를 집에 들어갈 수 있도록 도와준 후에 기념사진을 찍는다.

반려동물의 개입

* 동물친구들이 집에 들어가면 간식도 주거나 쉴 수 있도록 한다.

📢 Tip

* 동물친구가 집에 들어가려고 하지 않을 경우, 간식으로 유도한 후, 집에서 쉬는 모습을 대상
  자가 관찰할 수 있도록 한다.

프로그램 17 휴식 공간 만들기 [최소관여 프로그램]

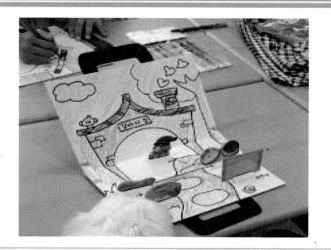

프로그램 단계	초기 / 중기 / 후기	소요시간	1시간

프로그램 개요	동물친구가 어디에서 휴식을 취하는지, 휴식 시간에 어떤 것을 하는지 배워 보는 시간을 가진 후 하드보드지 판에 동물친구의 휴식 공간을 만들어 본다.

준비물	주요 재료: 하드보드지 판, 동물 사진, 용품 사진, 색연필, 사인펜, 양면테이프, 가위, 우드락 꾸미기 재료: 꾸미기 스티커

프로그램 기대효과	1. 동물친구 휴식 공간의 이해 돕기 2. 동물친구도 휴식 공간이 필요하다는 것을 설명함으로써 행복한 공존의 이해 도모 3. 휴식 공간에 필요한 용품들을 직접 사용해 보며 동물친구와의 친밀감 강화 4. 결과물의 완성을 통한 성취감 획득

집단형태	개인 / 집단

활동유형	동적 / 정적

운영가이드	인지 : 정서 : 행동 = 4 : 5 : 1

사전준비	* 동물친구들에게 필요한 용품과 동물친구들의 사진을 준비한다. * 집을 배경으로 반려동물의 휴식 공간 밑그림을 그린다.

사 진

진행방법

❶ 동물친구들이 휴식을 취할 때 어떤 용품을 사용하는지 알아본다.
❷ 직접 휴식공간을 색칠하거나 만들어준다.
❸ 동물친구 사진과 준비된 용품 사진을 대상자가 원하는 곳에 배치한다.
❹ 완성된 휴식공간에 대해 이야기를 나누어보고 기념 사진을 찍는다.

반려동물의 개입

* 함께 하는 동물친구들의 사진을 휴식공간에 붙여준다.

📢 Tip

* 집안 배경이 아닌 외부 배경으로 진행하여 산책 용품에 대해 알아보아도 좋다.

프로그램 단계	초기 / 중기 / 후기	**소요시간**	1시간

프로그램 개요	학습지로 동물친구가 먹어도 되는 먹거리와 먹으면 안 되는 먹거리에 대해 배워본 후 그것을 바탕으로 OX퀴즈를 진행한다.

준비물	주요 재료: 학습지, 먹거리 카드, OX퀴즈판, PPT 자료 꾸미기 재료: ×

프로그램 기대효과	1. 동물친구가 먹어도 되는 먹거리와 먹으면 안 되는 먹거리에 대한 학습 2. 학습지로 배웠던 것을 OX퀴즈로 복습해보며 먹어도 되는 먹거리와 먹으면 안 되는 먹거리에 대한 기억 강화 3. OX퀴즈 게임을 통한 참여도 향상

집단형태	개인 / 집단

활동유형	동적 / 정적

운영가이드	인지 : 정서 : 행동 = 6 : 3 : 1

사전준비	* 시각자료를 준비한다. * 학습지나 먹거리 사진을 만들어 학습할 때 사용한다.

사 진

진행방법

❶ 시각자료로 동물친구들이 먹을 수 있는 먹거리와 먹을 수 없는 먹거리를 설명한다.
❷ 학습지나 먹거리판으로 내용을 학습한다.
❸ OX퀴즈 게임을 진행한다.
❹ 학습지나 먹거리판으로 내용을 다시 복습한다.

반려동물의 개입

＊ 동물친구들을 보여주면서 함께 하는 동물이 어떤 먹거리를 먹는지 복습한다.

🔈 Tip

＊ 아동이나 장애인 대상자일 경우에는 시각자료에서 글씨보다 사진과 그림을 많이 삽입하는 것이 내용을 이해하는 데 도움이 된다.
＊ 동물친구들의 먹거리의 특성을 깊이 있게 알려줄 수도 있다.
＊ 간식 만들기 프로그램과 연계될 수 있다.

프로그램 19 맛있는 걸 만들어 줄게 [최소관여 프로그램]

프로그램 단계	초기 / 중기 / 후기	소요시간	1시간

프로그램 개요
동물친구가 먹으면 몸에 좋은 먹거리와 먹으면 안 되는 먹거리를 배워 본 후, 먹으면 몸에 좋은 것을 클레이로 만들어 실제 간식으로 교환하여 본다.

준비물
주요 재료: 학습지, 먹거리사진 카드, 클레이
꾸미기 재료: ×

프로그램 기대효과
1. 동물친구가 먹으면 몸에 좋은 먹거리와 안 되는 먹거리에 대한 학습
2. 클레이로 동물친구가 먹을 수 있는 먹거리 모형을 만들며 촉감 자극
3. 만든 먹거리 모형을 실제 간식으로 교환해보는 과정에서 성취감 획득

집단형태
개인 / 집단

활동유형
동적 / 정적

운영가이드
인지 : 정서 : 행동 = 5 : 2 : 3

사전준비
* 먹으면 몸에 좋은 먹거리 사진 카드를 인쇄한 후 코팅하여 준비한다.

사 진

진행방법

❶ 동물친구가 먹으면 몸에 좋은 먹거리에 대해 학습지로 학습한다.

❷ 클레이로 동물친구가 먹으면 몸에 좋은 먹거리가 준비된 먹거리 사진을 보며 만들어본다.

❸ 클레이로 만든 먹거리를 실제 동물친구 간식으로 교환한다.

❹ 교환한 간식을 동물친구에게 먹여주며 자유 시간을 가진다.

반려동물의 개입

* 클레이 모형을 실제 간식으로 교환한 후 동물친구에게 먹여준다.

🔊 Tip

* 클레이로 먹거리 모형을 만들 때 먹거리 사진 카드를 보며 만들 수 있도록 한다.

* 실제 먹거리 색깔과 비슷한 클레이를 준비해서 가져가면 먹거리에 대한 이해가 더 쉽다.

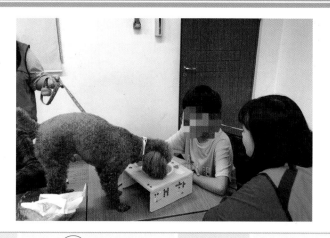

프로그램 단계	초기 / (중기) / 후기	**소요시간**	1시간

프로그램 개요	사람과 마찬가지로 동물친구에게도 식기세트가 필요하다는 것을 설명한 후 밥그릇과 물그릇을 만들어준다. 완성된 식기세트에 사료와 물을 채워준 후 동물친구가 먹을 수 있도록 한다.
준비물	주요 재료: 우드락, 양면테이프, 일회용 접시, 동물친구 사료 또는 통조림 꾸미기 재료: 매직, 스티커
프로그램 기대효과	1. 동물친구에게 사료와 물을 챙겨주며 돌봄의 주체가 되는 경험을 통한 자아존중감의 향상 2. 결과물을 바로 동물친구에게 사용해봄으로써 성취감 극대화 3. 완성한 식기세트에 사료와 물을 담아 동물친구의 식사를 챙겨주며 자신이 만든 결과물에 대한 이해도 향상
집단형태	(개인) / 집단
활동유형	(동적) / 정적
운영가이드	인지 : 정서 : 행동 = 3 : 2 : 5
사전준비	* 우드락을 잘라 식기세트의 기본 모양을 만들 수 있도록 한다. * 우드락에 구멍을 뚫어 일회용 접시가 들어갈 수 있도록 준비한다.

진행방법

❶ 동물친구들에게도 사람과 마찬가지로 물그릇과 밥그릇이 필요하다는 것을 설명한다.
❷ 준비된 우드락에 스티커와 매직을 사용해 꾸며준다.
❸ 완성된 식기세트에 사료(통조림)와 물을 채운다.
❹ 사료(통조림)와 물을 채운 후 동물친구가 먹을 수 있도록 한다.

반려동물의 개입

* 완성된 식기세트를 동물친구들에게 사용해본다.

🔊 Tip

* 동물친구가 사료를 잘 먹지 않으면 상실감을 느낄 수도 있으므로 동물친구가 좋아하는 간식
이나 통조림을 준비해간다.

프로그램 단계	초기 / (중기) / 후기	**소요시간**	1시간

프로그램 개요	동물친구가 먹으면 몸에 좋은 먹거리를 가져가 재료 손질을 한 후 동물친구가 먹기 좋은 크기로 만든다. 완성된 간식은 자유 시간에 먹여주고 간식을 많이 먹으면 배탈이 날 수도 있음에 대해서도 설명한다.

준비물	주요 재료: 학습지, 간식 만들기 재료(고구마, 당근, 닭가슴살, 단호박 등), 일회용 접시, 일회용 장갑, 일회용 숟가락, 위생팩, 도시락 통 꾸미기 재료: ×

프로그램 기대효과	1. 자신이 만든 간식을 직접 먹여줌으로써 즐거움 및 만족감 획득 2. 동물친구와의 유대관계 증진 3. 간식을 많이 먹으면 배탈이 날 수도 있음을 이해하며 동물친구에 대한 배려심 향상

집단형태	(개인) / 집단

활동유형	동적 / (정적)

운영가이드	인지 : 정서 : 행동 = 3 : 3 : 4

사전준비	* 간식을 만들 재료들을 미리 삶거나 다져서 준비해간다. * 간식을 만들 때 사용할 일회용 접시를 깨끗이 씻어 준비한다.

진행방법

❶ 학습지로 동물친구가 먹으면 좋은 먹거리와 해로운 먹거리가 무엇인지 배워본다.
❷ 동물친구의 먹거리 재료를 손질한다.
❸ 손질한 재료를 섞은 후 동물친구가 먹기 좋은 크기로 완자 모양을 만든다.
❹ 완성된 간식을 동물친구에게 먹여준다.

반려동물의 개입

* 완성된 완자 모양의 간식을 조금씩 나누어 동물친구에게 먹여준다.

🔊 Tip

* 간식을 너무 많이 먹으면 배탈이 날 수도 있음을 설명해주고 남은 간식은 도시락 통에 담아 간다.
* 완자 모양으로 만들 때 너무 크지 않게 동물친구가 먹기 좋은 크기로 만든다.
* 간식 만들기 재료 중 북어채를 준비하는 경우 염분이 많으므로 물에 담구고 염분을 빼서 사용하도록 한다.

프로그램 단계	초기 / (중기) / 후기	**소요시간**	1시간

프로그램 개요	동물친구와 산책할 때 필요한 준비물 및 주의사항이 무엇인지 배워보고 그 동안 만든 산책에 필요한 용품들을 착용한 후 실제 산책을 하는 것처럼 실내에서 산책을 연습해본다. 클레이로 강아지 변 모형을 준비하여 배변봉투를 직접 사용해 볼 수 있도록 한다.

준비물	주요 재료: 산책 용품(리드줄, 배변봉투, 물그릇, 물티슈), 클레이 꾸미기 재료: ×

프로그램 기대효과	1. 동물친구와 산책할 때 준비물의 명칭과 필요한 이유에 대해 학습 2. 각 상황에 맞도록 용품을 사용해보며 그 특성에 대한 이해 3. 산책 연습을 통한 즐거움 획득 4. 함께 호흡을 맞춰 걸으며 동물친구와의 유대관계 증진

집단형태	(개인) / 집단

활동유형	(동적) / 정적

운영가이드	인지 : 정서 : 행동 = 4 : 2 : 4

사전준비	* 실내에서 산책할 수 있는 크기의 장소를 섭외한다. * 강아지 변 모형을 준비한다. * 산책 시 필요한 용품을 준비한다.

사 진

❶

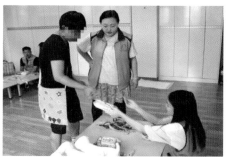

❷

❸

❹

진행방법

❶ 산책 시 주의사항들과 필요한 용품들을 복습한다.

❷ 직접 동물친구의 리드줄을 잡고 선생님과 실내에서 산책을 진행한다.

❸ 산책 시 필요한 용품들을 실제로 사용할 수 있도록 유도한다.

❹ 산책을 끝내고 산책 후 해야 할 것들을 실시한다.

반려동물의 개입

* 동물친구들과 함께 산책을 한다.

* 산책 시 동물친구들에게 필요한 용품을 사용한다.

Tip

* 밖에서 만날 수 있는 신호등이나 자동차와 같은 요소를 준비하여도 좋다.

* 프로그램을 진행하기 전 용품에 대한 학습을 진행한다.

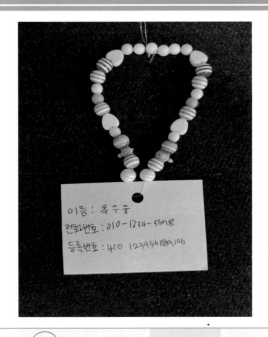

프로그램 단계	초기 / (중기) / 후기	**소요시간**	1시간

프로그램 개요	동물친구와 산책을 할 때 동물친구를 잃어버리는 것을 방지하기 위해 인식표가 필요하다는 것을 설명한 후 인식표를 만들어보는 시간을 갖는다.

준비물	주요 재료: 우레탄 줄, 비즈, 순간접착제, 끈, 나무, 하드보드지 꾸미기 재료: 꾸미기 스티커

프로그램 기대효과	1. 동물친구 인식표의 중요성 인지 2. 우레탄 줄에 비즈를 끼우거나 줄을 땋는 과정을 통한 집중력 및 눈과 손의 협응능력 발달 3. 스스로 인식표를 만들어 동물친구에게 착용시켜줌으로써 성취감 및 만족감 획득

집단형태	(개인) / 집단

활동유형	동적 / (정적)

운영가이드	인지 : 정서 : 행동 = 5 : 2 : 3

사전준비	* 끈을 땋기 쉽게 첫 시작점을 땋아서 가져간다. * 나무비즈를 우레탄 줄에 넣는 경우 나무비즈의 구멍이 막혀있을 수 있으므로 구멍을 미리 뚫어서 가져간다.

진행방법

❶ 동물친구에게 인식표가 왜 필요한지 인식표의 중요성에 대해 설명한다.

❷ 준비한 끈을 땋거나 우레탄 줄에 비즈를 꿰어 인식표의 끈을 만든다.

❸ 하드보드지에 동물친구의 정보와 보호자의 정보를 적은 후 끈에 꿰어 인식표를 완성한다.

❹ 완성된 인식표를 동물친구에게 착용시켜준다.

반려동물의 개입

* 완성된 인식표를 동물친구에게 착용시켜준 후 사진을 찍는다.

📢 Tip

* 우레탄 줄에 비즈를 꿸 때 비즈가 빠지는 것을 방지하기 위하여 우레탄 줄 끝에 테이프 처리
를 한다.

산책가방 준비하기 [저관여 프로그램]

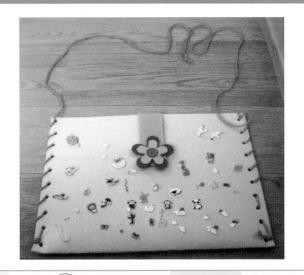

프로그램 단계	초기 / (중기) / 후기	소요시간	1시간

프로그램 개요	동물친구와 산책할 때 필요한 용품이 무엇인지 설명한 후에 용품을 담을 수 있는 산책가방을 만들어 본다.

준비물	주요 재료: 펠트지, 털실, 스카치테이프 꾸미기 재료: 모양펠트지, 스팡클, EVA 스티커

프로그램 기대효과	1. 산책용품에 대한 학습 및 복습 2. 구멍에 털실을 꿰는 과정을 반복함으로써 집중력 및 눈과 손의 협응력 발달 3. 다음 시간에 동물친구와 산책할 때 가방을 사용할 것임을 알려줌으로써 즐거움 및 기대감 획득

집단형태	(개인) / 집단

활동유형	동적 / (정적)

운영가이드	인지 : 정서 : 행동 = 4 : 2 : 4

사전준비	* 펠트지에 털실을 꿰맬 수 있도록 구멍을 미리 뚫어간다. * 털실을 쉽게 꿰맬 수 있도록 끝부분에 스카치테이프를 말아서 가져간다.

진행방법

❶ 털실을 구멍에 꿰매도록 한다.
❷ 세 면만 꿰맨 후에 다양한 꾸미기 재료로 꾸며 본다.
❸ 다 꾸민 후에 가방 덮개를 만든다.
❹ 완성한 가방을 사용해보도록 한다.

반려동물의 개입

* 완성한 가방에 실제로 용품을 넣어 동물친구들과 산책 연습을 한다.

📢 Tip

* 털실로 꿰맬 때 한 쪽 방향으로 꿰매는 것이 완성도가 더 높다.
* 가방은 메는 형식과 손잡이 형식으로도 만들 수 있다.

프로그램 단계	초기 / ⟨중기⟩ / 후기	소요시간	1시간

프로그램 개요
동물친구와 산책 나갈 때 필요한 준비물과 주의사항에 대해 복습한 후 공원으로 산책을 나간다. 개인별로 동물과 산책할 때 필요한 준비물을 챙겨 산책할 때 발생하는 상황에 맞는 용품들을 사용해본다.

준비물
주요 재료: 리드줄, 물그릇, 물티슈, 배변봉투, 돗자리, 산책가방, 인식표
꾸미기 재료: ×

프로그램 기대효과
1. 동물친구와 산책할 때 필요한 준비물들과 그 이유에 대해 이해
2. 동물친구와 산책할 때 지켜야 하는 주의사항에 대해 학습
3. 동물친구와 산책을 함으로써 스트레스 해소 및 즐거움 획득

집단형태
개인 / ⟨집단⟩

활동유형
⟨동적⟩ / 정적

운영가이드
인지 : 정서 : 행동 = 2 : 3 : 5

사전준비
* 산책가방 또는 간식통 만들기 프로그램을 사전에 진행한 경우 함께 챙겨 간다.

사 진

진행방법

❶ 전에 만든 산책가방에 산책용품을 담아 공원으로 출발한다.

❷ 공원에 도착하면 돗자리를 깔고 산책을 준비한다.

❸ 대상자가 상담사와 함께 동물친구의 리드줄을 잡고 산책을 한다.

❹ 산책의 즐거움을 서로 나누어 본다.

반려동물의 개입

* 동물친구들이 자유롭게 냄새를 맡을 수 있도록 도와주며 함께 산책을 한다.

📢 Tip

* 동물친구들과 산책할 때의 기본적인 주의사항을 학습할 수 있도록 클레이로 모형 변을 만들어 그것을 배변봉투로 치울 수 있도록 한다.

프로그램 단계	초기 / (중기) / 후기	**소요시간**	1시간

프로그램 개요	산책 나갔을 때 풍경을 그림으로 그린 후 색칠하고, 함께 산책했던 동물친구와 조원들의 사진을 붙여 산책 추억판을 만든다.
준비물	주요 재료: 하드보드지, 색연필, 산책할 때 찍었던 사진, 양면테이프 꾸미기 재료: EVA 스티커, 비즈 스티커
프로그램 기대효과	1. 산책했을 때의 추억 회상 및 기억력 강화 2. 산책했을 때의 사진을 보며 즐거움 획득 3. 자신만의 추억판을 만듦으로써 성취감 및 만족감 획득
집단형태	(개인) / 집단
활동유형	동적 / (정적)
운영가이드	인지 : 정서 : 행동 = 3 : 3 : 4
사전준비	* 하드보드지 판에 미리 그림을 그려가서 대상자가 색칠할 수 있도록 한다. * 산책했을 때의 사진을 인쇄하여 준비해간다.

사 진

진행방법

❶ 산책했을 때를 회상해보며 상담사와 대상자가 대화를 나누어본다.

❷ 하드보드지 판에 그려간 밑그림을 색칠한다.

❸ 하드보드지 판에 사진을 붙여 산책길 회상판을 완성한다.

❹ 완성된 작품을 들고 사진을 찍는다.

반려동물의 개입

＊ 프로그램을 진행하는 동안 동물친구가 대상자의 옆에 자리한다.

🔈 Tip

＊ 하드보드지 판에 그림을 그릴 때 대상자가 산책 당시를 회상하기 쉽도록 산책했던 풍경과 비슷하게 밑그림을 그린다.

＊ 사진을 인쇄할 때 대상자와 동물친구가 함께 나온 사진을 준비해간다.

＊ 산책했을 때를 회상하기가 쉽도록 관련 소재를 찾아 대화를 나누어본다.

동물친구와 장애물 넘기 [고관여 프로그램]

프로그램 단계	초기 / 중기 / 후기	**소요시간**	1시간

프로그램 개요	원하는 동물친구와 호흡을 맞춰 걸으며 다양한 미션과 장애물을 통과한다.

준비물	주요 재료: 라바콘, 터널, 숫자판, 주사위, 동물간식 꾸미기 재료: 칭찬 스티커

프로그램 기대효과	1. 다양한 미션과 장애물을 통과하며 과제수행능력 향상 2. 동물친구와 호흡을 맞추어 장애물을 통과함으로써 동물친구에 대한 배려 심 및 협동심 향상 3. 장애물을 통과함으로써 운동량 증가

집단형태	개인 / 집단

활동유형	동적 / 정적

운영가이드	인지 : 정서 : 행동 = 3 : 2 : 5

사전준비	* 여러 가지 장애물을 설치해야 하기 때문에 프로그램실을 효과적으로 사용 할 방법을 생각한다. * 간식통 만들기 프로그램을 사전에 진행한 경우 간식통을 미리 준비해간다.

사 진

진행방법

❶ 주사위로 숫자를 정한 후에 숫자판을 밟아 통과한다.

❷ 동물친구와 함께 라바콘을 통과한다.

❸ 정해진 통에 공을 넣는다.

❹ 동물친구와 함께 터널을 통과한다.

❺ 과제 수행 후 동물친구에게는 간식을 주고 대상자에게는 칭찬 스티커를 준다.

반려동물의 개입

* 장애물을 통과하는 과정에서 동물친구와 호흡을 맞추어 장애물을 완성한다.

🔊 Tip

* 장애물을 하나씩 통과할 때마다 대상자가 동물친구에게 보상으로 간식을 주면 동물친구와의 호흡을 맞추는 것에 더욱 도움이 될 수 있다.

프로그램 28 **보물 찾기** [중관여 프로그램]

프로그램 단계	초기 / 중기 / 후기	**소요시간**	1시간

프로그램 개요	동물친구들이 사용하는 용품 사진을 숨긴 후 찾아보고, 찾은 용품 사진을 실제 용품과 교환하여 직접 사용해보는 시간을 가진다.
준비물	주요 재료: 용품 사진, 용품, 지도사진, 테이프 꾸미기 재료: 칭찬 스티커
프로그램 기대효과	1. 조원과 함께 보물찾기를 함으로써 즐거움 획득 2. 보물찾기 지도를 보고 보물이 숨겨진 장소를 찾아가는 과정을 통해 공간 지각능력 향상 3. 조원들과 함께 모든 보물을 찾아 칭찬 스티커를 받음으로써 성취감 및 만족감 획득
집단형태	개인 / 집단
활동유형	동적 / 정적
운영가이드	인지 : 정서 : 행동 = 3 : 2 : 5
사전준비	* 용품을 알아보기 쉽게 사진을 찍어 손바닥 크기로 준비한다. * 용품 사진을 숨기고 대상자가 찾기 쉽도록 숨긴 장소를 사진으로 찍어 지도를 만든다.

진행방법

❶ 준비된 지도를 보며 대상자와 함께 보물이 있는 장소를 찾는다.

❷ 지도 속 장소를 찾아가 보물을 찾는다.

❸ 보물을 찾을 때마다 사진 속 용품이 어떤 용도로 쓰이는지에 대해 이야기를 나눈다.

❹ 찾은 보물 사진을 들고 기념사진을 찍은 후 실제 용품과 교환한 후 직접 사용해보는 시간을 가진다.

반려동물의 개입

* 보물을 찾을 때 자연스럽게 동물친구들과 산책을 한다.
* 용품을 직접 동물친구들에게 사용해본다.

📢 Tip

* 보물에 테이프를 붙여 숨겨놓으면 바람에 날아 가버리는 등의 보물 분실을 예방할 수 있다.

동물친구와의 데이트 [중관여 프로그램]

| 프로그램 단계 | 초기 / (중기) / 후기 | **소요시간** | 1시간 |

| 프로그램 개요 | 동물친구가 사용하는 용품들에 대해 알아보고 원하는 동물친구와 함께 데이트(실내산책)를 한다. 동물 용품샵 ➡ 미용샵 ➡ 간식샵의 순으로 돌며 각 샵에서 필요한 일들을 하고 간식샵에서 얻은 간식으로 자유 시간을 가진다. |

| 준비물 | 주요 재료: 빗, 물그릇, 배변봉투, 리드줄, 담요, 이동장, 귀청소제, 물티슈, 솜, 동물간식, 접시
꾸미기 재료: 칭찬 스티커 |

| 프로그램 기대효과 | 1. 동물친구가 사용하는 산책용품과 미용용품에 대한 인지 향상
2. 동물친구에게 미용해주는 과정에서 자연스러운 스킨십을 통한 정서적 안정 도모
3. 각 영역에서 정해진 미션을 수행함으로써 과제수행능력 향상
4. 성공적으로 미션을 완성함으로써 성취감 및 만족감 획득 |

| 집단형태 | (개인) / 집단 |

| 활동유형 | (동적) / 정적 |

| 운영가이드 | 인지 : 정서 : 행동 = 3 : 3 : 4 |

| 사전준비 | * 간식샵에서 사용할 간식을 작게 자른다.
* 미용하는 순서가 되면 설명서를 참고할 수 있도록 준비한다. |

사 진

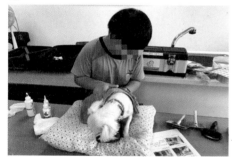
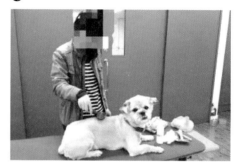

진행방법

❶ 동물친구와 함께 용품샵에 가서 동물친구가 필요한 용품을 챙긴다.

❷ 동물친구와 함께 미용샵에 가서 동물친구를 예쁘게 해준다.

❸ 간식샵에서 동물친구가 좋아하는 간식을 챙긴다.

❹ 가져온 용품을 직접 사용해보고 간식샵에서 챙긴 간식을 동물친구에게 먹인다.

반려동물의 개입

* 동물친구와 함께 이동하면서 미용샵에서 동물친구를 예쁘게 해주고 동물친구가 필요한 용품을 직접 사용해보며 마지막으로 챙겨온 간식으로 동물친구와 자유시간을 가진다.

📢 Tip

* 데이트를 통해 가져온 용품을 여러 대상자들이 돌아가면서 사용하게 하여 모든 대상자들이 용품의 용도를 학습하도록 한다.

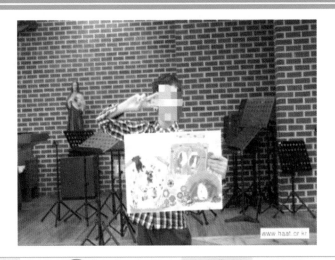

프로그램 단계	초기 / ⟨중기⟩ / 후기	소요시간	1시간

프로그램 개요

상담사와 함께 학습자료를 이용하여 동물의 종류에 대해 알아본 후 각자 밑그림을 받아 색을 칠한다. 동물친구들의 사진을 종류에 따라 구분하여 알맞게 붙인다.

준비물

주요 재료: 학습자료, 하드보드지, 유성매직, 동물 사진, 벨크로 테이프, 색연필, 스티커

꾸미기 재료: 꾸미기 스티커

프로그램 기대효과

1. 동물친구들의 생태환경에 대한 인식과 구분
2. 야생동물, 농장동물, 반려동물 등 동물의 유형에 대해 학습한다.
3. 소근육 및 눈과 손의 협응능력 발달
4. 완성된 작품을 통한 성취감 획득

집단형태

⟨개인⟩ / 집단

활동유형

동적 / ⟨정적⟩

운영가이드

인지 : 정서 : 행동 = 5 : 2 : 3

사전준비

* 함께하는 동물친구들의 사진을 준비한다.
* 하드보드지에 각 종류만큼의 집과 서식지를 그린다.
* 동물 사진에 붙이기 쉽게 벨크로 테이프를 붙인다.

사 진

진행방법

❶ 함께하는 동물친구들은 어떤 종류의 동물인지에 대해 학습한다.
❷ 학습자를 통하여 동물의 유형에 대해 학습하는 시간을 가진다.
❸ 자신이 원하는 모습의 집을 만들고 동물친구들의 사진을 붙인다.
❹ 완성한 결과물을 전시하고 다른 친구들의 작품을 감상한다.

반려동물의 개입

* 동물친구들의 생김새를 비교하며 종류에 대해 알아본다.
* 프로그램을 진행하는 동안 동물친구가 대상자의 옆에 자리한다.

📢 Tip

* 인지기능이 낮은 대상자의 경우 프로그램 진행 시 상담사가 옆에서 도움을 주어 함께 과제를
  수행할 수 있도록 한다.

즐거운 체육대회 [중관여 프로그램]

프로그램 단계	초기 / 중기 / 후기	소요시간	1시간

프로그램 개요	조원들과 함께 다양한 종목의 집단 체육대회에 참여하고 모든 종목이 다 끝나면 메달을 만든 후 메달 수여식을 한다.

준비물	주요 재료: 마스킹 테이프, 훌라우프, 터널, 우레탄 줄, 비즈, 순간접착제, 스카치 테이프, 골판지 꾸미기 재료: 꾸미기 스티커

프로그램 기대효과	1. 집단 활동을 통한 대상자들 간의 교류 증진 2. 공동 활동을 통한 성공 경험의 획득 3. 규칙과 규율의 준수를 통한 사회성 및 자기통제능력 강화 4. 스트레스 해소 및 메달을 수여받음으로써 성취감 획득

집단형태	개인 / 집단

활동유형	동적 / 정적

운영가이드	인지 : 정서 : 행동 = 2 : 3 : 5

사전준비	* 운동회를 마친 후 수여할 메달을 준비한다. * 동물친구들과도 함께 할 수 있는 종목을 준비한다. * 프로그램 진행 공간의 크기를 고려하여 종목을 선정한다.

진행방법

❶ 운동회 종목에 대해 설명하는 시간을 가진다.

❷ 대상자들과 동물친구들이 함께 여러 가지 종목에 참여한다.

❸ 조원 친구들과 함께 정해진 규칙에 맞게 참여하였는지 이야기를 나눠본다.

❹ 운동회를 마친 후 메달 수여식을 갖는다.

반려동물의 개입

* 동물친구들은 함께 할 수 있는 종목에만 참여한다.

📢 Tip

* 시간이 남아 메달을 만들 수 있는 경우 대상자가 직접 만들어 수고했다는 의미로 팀원들끼리
  교환한다.

용품 장보기 [중관여 프로그램]

프로그램 단계	초기 / (중기) / 후기	소요시간	1시간
프로그램 개요	가짜 지폐를 사용하여 미션지에 적힌 산책 용품들을 구매하고 구매한 용품을 동물들에게 직접 사용해본다.		
준비물	주요 재료: 산책 용품(리드줄, 배변봉투, 물그릇, 물티슈, 빗), 은행놀이(가짜 지폐), 장바구니 꾸미기 재료: 꾸미기 스티커		
프로그램 기대효과	1. 상품의 거래에 관한 사회 학습 2. 미션지에 적힌 산책용품을 구입하고 사용함으로써 과제수행능력 향상 3. 미션지에 적힌 미션을 성공할 때마다 스티커를 받음으로써 성취감 획득		
집단형태	(개인) / 집단		
활동유형	(동적) / 정적		
운영가이드	인지 : 정서 : 행동 = 4 : 3 : 3		
사전준비	* 실내에서 산책할 수 있는 크기의 장소를 섭외한다. * 강아지 변 모형을 준비한다. * 산책 시 필요한 용품을 준비한다.		

사 진

진행방법

❶ 동물친구들에게 어떤 용품이 필요한지 간단하게 학습해본다.
❷ 모형의 상점을 만들고 여러 상점을 다니며 동물친구에게 필요한 용품을 직접 구매한다.
❸ 구매하려는 용품들의 가격을 더하여 직접 계산해본다.
❹ 구매한 용품을 직접 동물친구들에게 사용해본다.

반려동물의 개입

* 동물친구와 함께 장을 보며 산책을 한다.
* 대상자가 직접 구매한 용품을 동물친구들에게 사용해본다.

📢 Tip

* 산책 용품이 아닌 다양한 상품을 추가할 수 있다.

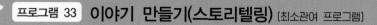

프로그램 33 **이야기 만들기(스토리텔링)** [최소관여 프로그램]

프로그램 단계	초기 / ⟨중기⟩ / 후기	소요시간	1시간

프로그램 개요	도화지를 몇 칸으로 나누고 각 칸마다 모형 하나를 그린다. 모형을 보고 동물친구와 함께 하고 싶은 것을 그려 넣어 하나의 이야기를 만들어보고 발표를 해본다.

준비물	주요 재료: 스토리텔링 밑그림, 색연필, 사인펜 꾸미기 재료: 꾸미기 스티커

프로그램 기대효과	1. 모형만 보고 그림을 그림으로써 창의력 발달 2. 동물친구와 하고 싶은 것을 상상하여 그림을 그림으로써 상상력 발달 3. 동물친구와 하고 싶은 것을 상상해보며 동물친구와의 유대관계 증진 4. 발표하는 과정에서 발표능력 향상 및 자신감 획득

집단형태	⟨개인⟩ / 집단

활동유형	동적 / ⟨정적⟩

운영가이드	인지 : 정서 : 행동 = 3 : 6 : 1

사전준비	* 도화지에 원하는 만큼의 칸을 나눈다. * 칸마다 다른 모양의 도형을 그려 넣는다.

진행방법

❶ 어떤 이야기를 만들어 볼 것인지 대화를 나눠본다.
❷ 정한 이야기를 칸에 그려진 도형에 맞게 그림을 그린다.
❸ 자신이 그린 이야기를 다른 친구들과 발표하는 시간을 가진다.
❹ 완성한 이야기 그림을 친구들과 돌려보며 대화를 나눈다.

반려동물의 개입

＊ 프로그램을 진행하는 동안 동물친구가 대상자의 옆에 자리한다.

📢 Tip

＊ 동물과 함께 여름휴가 여행을 가는 주제를 정해주거나 상담사가 제시하는 스토리를 예로 들
어주면 대상자가 수행하기 쉽다.

| 프로그램 단계 | 초기 / (중기) / 후기 | **소요시간** | 1시간 |

| **프로그램 개요** | 같은 조원들과 함께 협동하여 여러 가지의 미니게임을 하고 한 가지 게임이 끝날 때마다 비즈를 나누어 준다. 모든 미니게임을 진행한 후 받은 비즈로 자신의 팔찌와 동물친구의 목걸이를 만든다. |

| **준비물** | 주요 재료: 우레탄 줄, 비즈, 순간접착제, 미니게임 set
꾸미기 재료: 꾸미기 스티커 |

| **프로그램 기대효과** | 1. 조원들과 함께 미니게임을 함으로써 조원과의 친밀관계 증진
2. 미니게임을 성공함으로써 자신감 및 과제수행능력 향상
3. 동물친구와 커플 액세서리를 착용함으로써 행복감 및 즐거움 획득 |

| **집단형태** | 개인 / (집단) |

| **활동유형** | (동적) / 정적 |

| **운영가이드** | 인지 : 정서 : 행동 = 3 : 2 : 5 |

| **사전준비** | * 동물친구들과 함께할 수 있는 미니게임을 준비한다. |

사 진

진행방법

❶ 어떤 미니게임이 있는지에 대해 설명한다.

❷ 여러 가지의 미니게임에 참여한다.

❸ 미니게임을 마칠 때마다 다양한 모양의 비즈를 선물로 받는다.

❹ 미니게임을 마치고 지금까지 받은 비즈를 이용하여 커플 액세서리를 만든다.

반려동물의 개입

* 동물친구와 함께하는 미니게임을 만들어 참여시킨다.

* 대상자가 만든 커플 액세서리를 착용한다.

🔈 Tip

* 비즈가 아닌 방울을 달아 동물친구들에게 선물해도 좋다.

프로그램 35 **미션 마블게임** [중관여 프로그램]

프로그램 단계	초기 / (중기) / 후기	소요시간	1시간
프로그램 개요	다양한 미션들이 적혀있는 미션지를 바닥에 붙이고 각 대상자가 게임용 말이 되어 조별로 마블게임을 진행한다.		
준비물	주요 재료: A4용지, 테이프, 주사위 꾸미기 재료: 꾸미기 스티커		
프로그램 기대효과	1. 조원들과 함께 마블게임을 함으로써 조원들과의 친밀감 및 소속감 향상 2. 동물친구와 함께 미션을 수행함으로써 참여도 및 즐거움 획득 3. 다함께 목적지에 도착함으로써 성취감 획득 4. 규칙을 준수하여 마블게임에 참여함으로써 자기통제능력 향상 도모		
집단형태	개인 / (집단)		
활동유형	(동적) / 정적		
운영가이드	인지 : 정서 : 행동 = 3 : 3 : 4		
사전준비	* 미션지를 미리 뽑아 프로그램이 시작하기 전에 바닥에 붙여놓는다. * 미션게임에 참여할 때 필요한 준비물을 가져간다.		

진행방법

❶ 조를 나눠 주사위를 던질 순서를 정한다.

❷ 순서대로 주사위를 던지고 대상자가 게임용 말이 되어 나온 숫자만큼 이동한다.

❸ 이동한 칸에 쓰여 있는 미션을 수행한다.

❹ 동물친구와 사진 찍기, 동물친구 털 빗어주기 등 동물친구 혹은 조원들과 함께 제시된 미션을 수행한다.

반려동물의 개입

* 동물친구와 함께 미션을 수행하며 동물친구와의 자연스러운 교류를 돕는다.

📣 Tip

* 대상자의 특성을 고려하여 수행할 수 있는 미션을 위주로 프로그램을 구성한다.

미션 마블게임

동물친구와 함께하는 미션게임 [중관여 프로그램]

프로그램 단계	초기 / ⓒ중기 / 후기	소요시간	1시간

프로그램 개요	미션을 적은 숫자판을 만들고 대상자가 순서대로 제비뽑기를 하여 나오는 숫자 칸의 미션을 모든 대상자가 수행한다.
준비물	주요 재료: 하드보드지(빙고게임 판), 펠트지, 성공 스티커, 숫자 스티커 꾸미기 재료: 꾸미기 스티커
프로그램 기대효과	1. 대상자들 간의 교류 증진 2. 모든 대상자가 미션 게임을 하고 성공 스티커를 받는 과정에서 협동의 경험 획득 3. 동물친구와의 자연스러운 스킨십을 통한 친밀감 향상 4. 보드게임 판에 성공이 다 채워지면 사진을 찍으며 성취감 및 즐거움 획득
집단형태	개인 / ⓒ집단
활동유형	ⓒ동적 / 개인
운영가이드	인지 : 정서 : 행동 = 3 : 3 : 4
사전준비	* 하드보드지 판에 미션지들을 오려 붙여 빙고게임 판을 만든다. * 미션을 성공하고 붙일 성공 스티커 판을 만든다.

진행방법

❶ 빙고게임의 미션에 참여할 순서를 정한다.

❷ 제비뽑기를 하여 나오는 숫자를 보고 그 숫자에 맞는 칸의 미션을 수행한다.

❸ 미션을 성공한 후 성공한 칸에 성공 스티커를 붙인다.

❹ 성공 스티커로 채워진 빙고게임 판을 들고 단체 사진을 찍는다.

반려동물의 개입

* 대상자들이 동물친구에게 훈련시키는 미션을 수행할 때 동물친구가 훈련을 따르는 모습을 보며 성취감을 얻을 수 있다.

* 동물친구와 관련된 다양한 미션을 수행한다.

🔊 Tip

* 빙고게임 판에 붙일 성공 스티커를 코팅하면 재사용이 가능하다.

* 숫자 스티커와 성공 스티커에 밸크로 테이프를 붙이면 빙고게임 판에서 떼고 붙이기가 용이해진다.

프로그램 37 햄스터 놀이터 만들기 [저관여 프로그램]

프로그램 단계	초기 / 중기 / 후기	소요시간	1시간

프로그램 개요	햄스터 친구들을 위해 조별로 다양한 재료를 활용하여 놀이터를 만들어 준다. 완성된 놀이터에 햄스터를 넣어보고 행동을 관찰해본다.

준비물	주요 재료: 우드락, 수수깡, 우드락 전용 접착제, 나무젓가락, 햄스터 톱밥 꾸미기 재료: 꾸미기 스티커

프로그램 기대효과	1. 조원들이 함께 햄스터 놀이터를 만듦으로써 대상자들 간의 교류 증진 2. 서로 배려하며 협동작품을 만듦으로써 배려심 및 협동심 강화 3. 결과물의 완성을 통한 성취감 획득

집단형태	개인 / 집단

활동유형	동적 / 정적

운영가이드	인지 : 정서 : 행동 = 3 : 3 : 4

사전준비	* 우드락을 적당한 크기로 미리 잘라서 가져간다.

❶

❷

❸

❹

진행방법

❶ 햄스터 놀이터를 어떻게 꾸며줄 것인지 조원 친구들과 함께 구상해본다.

❷ 햄스터가 자유롭게 놀 수 있는 놀이시설을 함께 만든다(터널, 시소 등).

❸ 놀이시설을 만들어 우드락 판에 붙여주고 벽을 붙여 햄스터 놀이터를 완성한다.

❹ 햄스터 놀이터를 완성한 후 놀이기구를 사용하는 햄스터를 관찰한다.

반려동물의 개입

* 햄스터가 놀이기구를 사용하는 모습을 관찰한다.

📢 Tip

* 햄스터 놀이터의 벽이 낮으면 햄스터가 떨어질 수 있으므로 너무 낮지 않게 한다.

* 햄스터가 새로운 공간에 들어갔을 때 낯설어 할 수도 있으므로 햄스터가 원래 사용하던 톱밥
과 사료를 넣어주어도 좋다.

* 양면테이프와 우드락 접착제를 사용할 때 햄스터 발에 붙지 않도록 충분히 마른 후에 사용한다.

프로그램 단계	초기 / (중기) / 후기	소요시간	1시간
프로그램 개요	동물친구와 커플 왕관을 만들고 원하는 동물친구와 함께 만든 왕관을 착용하고 함께 사진을 찍는다.		
준비물	주요 재료: 골판지, 가위, 고무줄, 양면테이프, 글루건 꾸미기 재료: 뿅뿅이, 스팡클, EVA 스티커, 모양 펠트지 스티커		
프로그램 기대효과	1. 함께 사진을 찍으며 동물친구와의 친밀감 강화 2. 왕관을 만드는 과정에서 소근육 및 눈과 손의 협응력 강화 3. 완성된 결과물, 함께 사진을 찍는 과정을 통해 성취감 획득 4. 왕관의 긍정적 의미를 부여하여 자존감을 향상		
집단형태	(개인) / 집단		
활동유형	동적 / (정적)		
운영가이드	인지 : 정서 : 행동 = 2 : 6 : 2		
사전준비	* 골판지에 왕관 틀을 미리 그려서 가져간다. * 동물친구의 사이즈에 맞게 골판지를 준비한다.		

진행방법

❶ 준비해간 왕관 틀에 꾸미기 재료를 붙여 왕관을 꾸민다.
❷ 자신의 왕관을 만든 후 함께 사진을 찍고 싶은 동물친구의 왕관도 만들어준다.
❸ 완성된 왕관의 이름을 붙인다.
❹ 동물친구와 함께 왕관을 착용한 후 기념사진을 찍는다.

반려동물의 개입

* 완성된 왕관을 동물친구에게 착용시켜준 후 사진을 찍는다.

🔊 Tip

* 대상자의 기능 수준에 따라 골판지에 왕관 틀을 그리고 오려 꾸미기, 대상자가 직접 왕관 틀을 그린 후 오려서 왕관을 만드는 방법이 있다.
* 왕관의 의미를 긍정적으로 부여할 수 있도록 상담사가 대상자의 장점에 대해 이야기한다.

프로그램 단계	초기 / 중기 / 후기	소요시간	1시간

프로그램 개요	동물친구가 심심할 때에는 장난감을 가지고 노는 것을 좋아한다고 설명한 후 동물친구가 가지고 놀 수 있는 장난감을 만들어 선물해준다.
준비물	주요 재료: 리본끈, 양말, 솜, 삑삑이 꾸미기 재료: 모형 눈알
프로그램 기대효과	1. 장난감을 만드는 과정을 통해 동물친구들에 대한 이해 향상 2. 자신이 만든 장난감으로 동물친구들과 함께 노는 과정을 통한 즐거움 및 성취감 획득
집단형태	개인 / 집단
활동유형	동적 / 정적
운영가이드	인지 : 정서 : 행동 = 3 : 5 : 2
사전준비	* 견본을 미리 만들어 대상자들의 이해를 돕는다.

사 진

❶

❷

❸

❹

진행방법

❶ 장난감을 만드는 방법을 알려준 후에 재료를 나누어 준다.

❷ 솜을 양말에 넣어준다.

❸ 솜을 반 정도 넣은 후에 삑삑이를 넣고 솜을 마무리로 넣어 준다.

❹ 양말의 입구를 리본끈으로 묶는다.

반려동물의 개입

* 대상자가 직접 만든 장난감으로 동물친구들과 가지고 논다.

* 강아지 친구에게 던져주고 강아지친구가 물어오면 보상으로 간식을 준다.

📢 Tip

* 소리에 예민한 강아지 친구에게는 삑삑이를 넣지 않는 것이 좋다.

* 일상에서 친구들과 어떤 장난감을 가지고 노는지 대상자에게 묻고 즐거웠던 추억을 이야기
  해본다.

프로그램 단계	초기 / ⟨중기⟩ / 후기	소요시간	1시간

프로그램 개요	포스터를 그리기 전에 시각자료를 통해 동물복지 또는 유기동물에 관한 내용을 알아보고 동물을 보호하고 사랑해야 하는 이유를 설명해준 후 '동물을 사랑하자'를 주제로 한 포스터를 만들어 본다.

준비물	주요 재료: 시각 자료, 포스터 종이, 색연필, 사인펜 꾸미기 재료: 꾸미기 스티커

프로그램 기대효과	1. 유기동물과 동물 보호에 관련된 시각 자료를 보며 동물 유기의 심각성과 　경각심 일깨우기 2. 동물사랑 포스터를 그리는 것을 통해 동물사랑이 무엇인지에 대하여 생 　각해보기 3. 유기동물과 동물 보호에 대해 학습하여 동물의 입장에서 생각해보기

집단형태	⟨개인⟩ / 집단

활동유형	동적 / ⟨정적⟩

운영가이드	인지 : 정서 : 행동 = 4 : 5 : 1

사전준비	* 포스터를 그리기 전 필요한 시각 자료를 준비한다. * 생명존중 포스터의 예시를 준비한다.

❶

❷

❸

❹

진행방법

❶ 동물복지 및 유기동물에 대한 시각 자료를 감상한다.
❷ 생명존중과 동물복지에 대해 이야기해본다.
❸ 자신이 생각하는 방법에 대한 포스터를 만든다.
❹ 완성한 포스터에 대해 발표하는 시간을 갖는다.

반려동물의 개입

* 동물친구는 대상자가 포스터를 만드는 동안 대기하다 자유시간에 함께한다.

🔊 Tip

* 유기동물이 아닌 야생 동물, 농장 동물에 대한 주제를 가져도 좋다.
* 시각자료는 자극적인 내용보다는 가급적 사랑스러운 이미지를 많이 담도록 한다.

후기 프로그램

프로그램 단계	초기 / 중기 / (후기)	**소요시간**	1시간

프로그램 개요	칭찬나무를 만들고 과일모양의 종이에 나를 위한 칭찬을 적은 후 돌려보며 나무주인을 위한 칭찬의 말을 적은 열매를 붙여 나무를 완성한다.

준비물	주요 재료: 하드보드지, 머메이드지, 양면테이프, 대상자 사진, 유성매직 꾸미기 재료: 꾸미기 스티커, 비즈 스티커

프로그램 기대효과	1. 이별에 대한 아쉬움 달래기 2. 아름다운 이별의 경험을 통한 자아탄력성 향상 3. 자신을 스스로 칭찬하고 주위의 긍정적인 피드백을 통한 자아존중감 향상 4. 칭찬으로 가득한 결과물을 통해 성취감 및 만족감, 자신감 획득

집단형태	(개인) / 집단

활동유형	동적 / (정적)

운영가이드	인지 : 정서 : 행동 = 2 : 7 : 1

사전준비	* 머메이드지는 미리 나무줄기와 잎, 들판, 열매모양으로 잘라 준비한다. * 이름표와 대상자의 사진을 준비하여 누구의 칭찬나무인지 알아볼 수 있도록 한다.

진행방법

❶ 하드보드지 위에 나무줄기, 잎, 들판을 붙여 칭찬나무를 완성한다.

❷ 나무 위에 과일모양 종이를 붙인 후 자신의 사진과 자신을 위한 칭찬의 말을 적는다.

❸ 조별로 칭찬나무를 교환하여 나무의 주인을 위한 칭찬의 말을 적는다.

❹ 교환이 끝나면 자신의 칭찬나무에 적힌 칭찬을 읽어본 후 사진을 찍는다.

반려동물의 개입

* 동물친구와 즐거웠던 추억을 이야기해 보도록 한다.

📢 Tip

* 글을 쓰지 못하는 대상자에게는 선생님이 대신 써주거나 그림을 그려 표현할 수 있도록 한다.
* 나무 외에 기차, 풍선 등 다양한 형태로의 응용이 가능하다.
* 글을 읽지 못하는 대상자를 위해 칭찬을 읽어줄 때는 가벼운 스킨십이나 손동작을 함께 해주
  면 칭찬의 의미를 더욱 전달할 수 있다.

프로그램 단계	초기 / 중기 / (후기)		소요시간	1시간

프로그램 개요

지금까지 열심히 프로그램에 참여한 자신을 위해 스스로 트로피를 만든다. 다양한 재료를 가지고 꾸민 후 미리 준비해간 상장과 함께 수여식을 진행한다.

준비물

주요 재료: 투명 컵, 아크릴물감(노랑, 금색), 붓, 큰 휴지심, 하드보드지, 펠트지(노랑, 금색), 글루건, 모루, 가위, 상장 용지

꾸미기 재료: 꾸미기 스티커, 뽕뽕이, 리본끈

프로그램 기대효과

1. 이별에 대한 아쉬움 달래기
2. 아름다운 이별의 경험을 통한 자아탄력성 향상
3. 자신을 스스로 칭찬하고 주위의 긍정적인 피드백을 통한 자아존중감 향상
4. 시각적인 보상물(트로피, 상장)을 통한 성취감 및 자신감 획득

집단형태   (개인) / 집단

활동유형   동적 / (정적)

운영가이드   인지 : 정서 : 행동 = 1 : 6 : 3

사전준비

* 휴지심에 트로피 색상의 펠트지를 말아주고 위, 아래에 트로피 색상의 하드보드지를 원형으로 잘라 막는다.
* 투명 컵에 노랑색 아크릴물감으로 여러번 덧칠한다.
* 완성된 휴지심과 컵을 글루건으로 붙여 트로피 형태를 완성한다.

진행방법

❶ 트로피의 의미에 대해 설명하고 자신에게 주고 싶은 상장의 명칭을 생각할 수 있는 시간을 제공한다.

❷ 트로피를 다양한 꾸미기 재료를 가지고 꾸민 후, 생각한 상명을 상패에 적어 붙여 트로피를 완성한다.

❸ 미리 준비해간 상장과 트로피를 함께 수여하며 수여식을 한다.

❹ 다함께 단체사진을 찍는다.

반려동물의 개입

* 상장과 트로피를 받은 후에 동물친구가 투입되어 대상자가 동물친구에게 간식을 주고 동물친구에게도 감사하고 칭찬하며 함께 기분 좋은 마무리를 한다.

📢 Tip

* 상장명을 정하기 어려워하는 대상자에게는 상담사가 잘하는 것들을 말해주어 스스로의 장점에 대해 생각해볼 수 있도록 한다.

* 상장과 트로피 외의 보상물을 준비한다면 대상자들의 성취감을 극대화 시키고 긍정적인 분위기를 만들 수 있다.

프로그램 43 작품 전시회 [최소관여 프로그램]

프로그램 단계	초기 / 중기 / (후기)	소요시간	1시간

프로그램 개요	지금까지의 프로그램 동안 대상자들이 만든 작품을 모아 전시회를 연다. 작품을 보며 그간의 추억에 대해 대화를 나누고 서로의 작품을 칭찬한다.

준비물	주요 재료: 대상자들의 모든 결과물, 사진, 사진액자, 명패 꾸미기 재료: 펠트지

프로그램 기대효과	1. 이별에 대한 아쉬움 달래기 2. 아름다운 이별의 경험을 통한 자아탄력성 향상 3. 작품과 상담사와의 대화를 통한 추억회상 및 정서의 환기 4. 주위의 긍정적인 피드백을 통한 성취감 획득 및 자아존중감 향상

집단형태	개인 / (집단)

활동유형	동적 / (정적)

운영가이드	인지 : 정서 : 행동 = 2 : 6 : 2

사전준비	* 대상자들의 작품을 미리 모아 놓고, 결과물이 없는 것은 사진을 뽑아 준비한다.

사 진

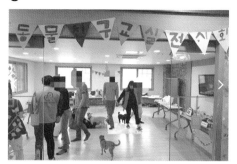

진행방법

❶ 전시회의 의미에 대해 설명하고, 결과물들을 올려둘 책상을 여러 장식들로 꾸며준다.

❷ 꾸민 책상 위에 그동안 대상자들이 만든 결과물과 사진을 올려둔다.

❸ 자유롭게 프로그램실을 다니며 다른 대상자의 작품을 감상하고 상담사와 함께 작품을 보며 지금까지의 추억에 대해 대화를 나눈다.

❹ 전시회를 축하하며 다함께 단체사진을 찍는다.

반려동물의 개입

* 동물친구들은 자유시간에 대상자들과 함께 시간을 보낸다.

📣 Tip

* 풍선이나 가랜드 또는 현수막 등을 준비하면 더욱 전시회 분위기를 살릴 수 있다.

* 칭찬을 할 때 구체적으로 칭찬을 하면 대상자들의 성취감을 극대화 할 수 있고, 자연스러운 교류를 도모할 수 있다.

프로그램 44 동물 구조대 [중관여 프로그램]

프로그램 단계	초기 / 중기 / (후기)	소요시간	1시간

프로그램 개요
배고픈 동물친구들을 위하여 대상자들이 구조원이 되어 다양한 미션들(지금까지 학습한 내용 포함)을 해결한 후 보상물로 동물친구를 위한 간식을 얻어 동물친구들에게 먹여준다.

준비물
주요 재료: 다양한 형태의 학습지, 자석 낚시대, 지퍼백, 클립
꾸미기 재료: 꾸미기 스티커

프로그램 기대효과
1. 지금까지 배운 내용에 대한 평가 및 복습, 기억 강화
2. 미션을 해결하는 과정과 주위의 긍정적인 피드백을 통한 성취감 및 만족감 획득
3. 수업에 대한 흥미유발 및 목적의식 가지기
4. 게임형식의 수업을 통한 대상자의 수업 참여도 향상

집단형태 (개인) / 집단

활동유형 (동적) / 정적

운영가이드 인지 : 정서 : 행동 = 4 : 3 : 3

사전준비
* 학습한 내용을 평가해볼 수 있는 다양한 형태의 학습지(종이 형태, 실제 물건들을 활용 등)를 미리 준비한다.
* 작은 지퍼백에 간식을 넣고 클립을 꽂아 자석 낚시가 가능하도록 한다.
* 수업시작 전 미리 미션들을 배치해둔다.

❶

❷

❸

❹

진행방법

❶ 지금까지 배웠던 내용들에 대해 간단하게 복습한다.
❷ 상담자는 미션들을 해결하는 방법에 대해 시범을 보인다.
❸ 차례대로 미션들을 해결하여 동물 간식을 구한다.
❹ 구한 간식을 동물친구에게 먹여준다.

반려동물의 개입

* 대상자들이 차례대로 프로그램에 참여하는 동안 동물친구는 대기 장소에서 대상자들과 자유시간을 보낸다.

📢 Tip

* 종이형태 뿐 아니라 다양한 형태(실제 용품 활용, 벨크로 테이프 등)로 학습지를 만들면 대상자들이 지루하지 않게 미션들을 해결하고 학습내용을 복습할 수 있다.
* 미션판을 준비하여 한 개의 미션을 해결할 때마다 즉각적인 보상물을 제공하면 대상자의 성취감과 참여도를 높일 수 있다.
* 대상자의 인지기능 정도에 따라 미션의 개수와 난이도를 조절할 수 있다.

나의 동물친구 [최소관여 프로그램]

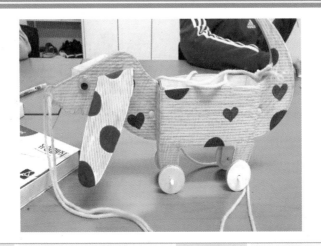

프로그램 단계	초기 / 중기 / (후기)	소요시간	1시간

프로그램 개요	상담사와 함께 강아지 모형 조각을 색칠하고 꾸민 후 조립하여 나만의 강아지 친구를 완성한다. 완성한 강아지 모형에 이름을 붙여주고 동물친구에게 소개시켜준 후 함께 사진을 찍는다.

준비물	주요 재료: 강아지 조립 모형, 색연필, 유성매직, 털실, 모형 눈알, 테이프 꾸미기 재료: 꾸미기 스티커, 뿅뿅이

프로그램 기대효과	1. 이별에 대한 아쉬움 달래기 2. 아름다운 이별의 경험을 통한 자아탄력성 향상 3. 모형을 색칠하고 조립하는 과정에서 소근육 및 눈과 손의 협응력 발달 4. 집으로 함께 갈 수 있는 모형 동물친구를 통해 즐거움과 행복감 느끼기

집단형태	(개인) / 집단

활동유형	동적 / (정적)

운영가이드	인지 : 정서 : 행동 = 2 : 5 : 3

사전준비	* 조립할 때 사용되는 부품들은 미리 대상자의 수만큼 소분해 놓는다.

사 진

❶

❷

❸

❹

진행방법

❶ 견본을 보여주며 오늘의 프로그램에 대해 설명한다.
❷ 조립하기 전, 색연필과 유성매직으로 동물모형을 꾸민다.
❸ 꾸미기 재료로 장식한 후 동물모형의 고리 연결 부분에 털실을 달아준다.
❹ 이름을 지어준 후 동물친구에게 소개해준다.

반려동물의 개입

* 모형을 만들며 실제 동물친구와 닮은 부분을 찾아본다.
* 동물친구에게 소개할 때, 모형을 살짝 움직여 동물친구가 모형을 쳐다보아 관심을 가질 수 있도록 한다(소개할 때, 서로 인사하는 것 같은 상황을 연출).

🔈 Tip

* 모형을 연결하기 위해 핀을 사용할 경우, 다칠 위험이 있으니 핀 위에 테이프를 한 번 덧대어 붙인다.
* 모형 속 상자 안에 작은 선물을 준비하여 넣어주면 결과물에 대한 활용도를 높여 성취감을 극대화 할 수 있다.

프로그램 단계	초기 / 중기 /(후기)	소요시간	1시간

프로그램 개요	함께한 동물친구와 상담사에게 고마운 마음과 이별의 아쉬움을 담아 편지를 쓰고 편지함에 넣는다. 편지함에서 꺼내어 상대방에게 읽어준다.

준비물	주요 재료: 편지함, 편지지, 편지봉투, 연필 꾸미기 재료: 스티커

프로그램 기대효과	1. 이별에 대한 아쉬움 달래기 2. 아름다운 이별의 경험을 통한 자아탄력성 향상 3. 편지를 쓰는 과정에서 감정의 정리 및 마음 전달하기 4. 스스로에 대한 객관적 평가를 통한 자기이해

집단형태	(개인) / 집단

활동유형	동적 /(정적)

운영가이드	인지 : 정서 : 행동 = 2 : 6 : 2

사전준비	* 각 프로그램에 참여하는 동물친구들의 사진을 붙인 편지함을 준비한다.

진행방법

❶ 마지막 회기임을 공지하고 지금까지 했던 프로그램들을 되돌아본다.
❷ 편안한 분위기 속에서 원하는 동물친구·상담사에게 편지를 쓴다.
❸ 편지를 다 쓰면 동물친구의 사진이 붙은 편지함에 편지를 넣는다.
❹ 상담사 또는 동물친구에게 직접 편지를 읽어주며 마지막 인사를 나눈다.

반려동물의 개입

* 동물친구를 대상자의 무릎 위나 앞에 앉혀두어 대상자가 편안하게 편지를 읽으며 마음을 전달할 수 있도록 한다.

🔊 Tip

* 상담사도 대상자를 위한 편지나 작은 선물을 준비해가면 좀 더 밝은 분위기 속에서 프로그램을 종결할 수 있다.
* 글을 쓰는 것이 어려운 대상자의 경우, 상담사가 대신 받아 적거나 그림으로 표현할 수 있도록 한다.

프로그램 단계	초기 / 중기 / (후기)	**소요시간**	1시간

프로그램 개요	프로그램 과정 중 찍은 사진을 준비된 액자틀에 붙인 후 다양한 재료를 사용하여 꾸며준다. 준비된 액자를 이젤에 올려 작품을 완성한다.

준비물	주요 재료: 컬러하드막대, 펠트지, 하드보드지, 사진, 코팅종이, 양면테이프, 글루건, 가위 꾸미기 재료: 꾸미기 스티커, 뽕뽕이, 리본끈, 비즈 스티커

프로그램 기대효과	1. 이별에 대한 아쉬움 달래기 2. 아름다운 이별의 경험을 통한 자아탄력성 향상 3. 사진과 대화를 통한 추억회상 및 정서의 환기 4. 함께 찍은 사진을 간직함으로써 행복감 및 즐거움 느끼기

집단형태	(개인) / 집단

활동유형	동적 / (정적)

운영가이드	인지 : 정서 : 행동 = 2 : 6 : 2

사전준비	* 칼라하드막대를 이용하여 만든 이젤은 글루건 안전사고의 위험이 있으므로 미리 만들어간다. * 액자판은 하드보드지로 만들고 액자틀은 펠트지로 만들어 준비한다.

❶

❷

❸

❹

진행방법

❶ 사진을 보며 상담사와 함께 어떤 프로그램을 했을 때의 사진인지 대화를 나눈다.

❷ 하드보드지 액자에 펠트지로 만든 액자틀을 붙인다.

❸ 다양한 꾸미기 재료로 자유롭게 액자를 꾸민다.

❹ 이젤 위에 액자를 올리고 작품을 완성한다.

반려동물의 개입

* 대상자와 대화를 나눌 때 동물친구를 옆에 두어 자연스럽게 동물친구와의 추억에 대해 떠올
  릴 수 있도록 돕는다.

📢 Tip

* 하드보드지 액자에 펠트지 액자틀의 한쪽 면을 미리 붙여서 준비하면 소근육의 사용이 자유
  롭지 못한 대상자도 엇나가지 않게 붙일 수 있다.

* 사진은 동물친구와 함께 찍은 사진이면 더욱 좋으며, 여러 장의 사진을 준비하면 대상자가
  원하는 사진으로 선택할 수 있다.

추억 노트 만들기 [최소관여 프로그램]

프로그램 단계	초기 / 중기 / (후기)	소요시간	1시간

프로그램 개요	프로그램 과정 중 찍은 사진을 활용하여 추억 노트를 만든다. 각 회기의 사진에 그 당시 느꼈던 감정이나 생각들을 적으며 상담사와 함께 배웠던 내용, 지금까지의 추억에 대해 대화를 나눈다.
준비물	주요 재료: 사진, 스케치북, 양면테이프, 가위, 색연필, 사인펜 꾸미기 재료: 꾸미기 스티커
프로그램 기대효과	1. 이별에 대한 아쉬움 달래기 2. 아름다운 이별의 경험을 통한 자아탄력성 향상 3. 사진과 대화를 통한 추억회상 및 정서의 환기 4. 추억이 담긴 노트를 간직함으로써 행복감 느끼기
집단형태	(개인) / 집단
활동유형	동적 / (정적)
운영가이드	인지 : 정서 : 행동 = 3 : 5 : 2
사전준비	* 회기별로 대상자들의 사진을 준비한다. * 만들기 시간의 단축을 위해 각 회기 프로그램 명은 미리 스케치북에 적어 가거나 프린트 한다.

진행방법

❶ 상담사와 함께 사진을 보며 어떤 프로그램의 사진인지 대화를 나눈다.

❷ 회기에 맞는 사진을 골라 스케치북에 사진을 붙인다.

❸ 그리기 도구와 다양한 재료로 추억 노트를 꾸미면서 당시 느꼈던 감정이나 느낌들을 적어보도록 한다.

❹ 완성된 작품을 들고 상담사와 이야기를 나눈다.

반려동물의 개입

* 대상자와 대화를 나눌 때 동물친구를 옆에 두어 자연스럽게 동물친구와의 추억에 대해 떠올릴 수 있도록 돕는다.

📢 Tip

* 스스로 꾸미는 것이 어려운 대상자들의 스케치북에는 각 회기와 관련된 그림들(예: 실외산책 프로그램 – 리드줄, 배변봉투 그림)을 미리 그려 가면 결과물에 대한 완성도를 높일 수 있을 뿐 아니라 기억을 회상하는 데도 도움을 줄 수 있다.

프로그램 단계	초기 / 중기 / (후기)	소요시간	1시간

프로그램 개요	동물친구들의 사진을 활용하여 리본끈으로 연결된 액자를 만든다. 다양한 재료를 이용하여 꾸미고, 상담사와 함께 추억에 대해 대화를 나눈다.

준비물	주요 재료: 하드보드지, 펠트지, 동물친구 사진, 코팅종이, 글루건, 가위, 양면테이프, 모루, 리본끈 꾸미기 재료: 비즈/EVA 스티커, 뿅뿅이

프로그램 기대효과	1. 이별에 대한 아쉬움 달래기 2. 아름다운 이별의 경험을 통한 자아탄력성 향상 3. 손의 소근육 및 눈과 손의 협응능력 발달 4. 동물친구의 사진을 소장함으로써 즐거움 및 행복감 느끼기

집단형태	(개인) / 집단

활동유형	동적 / (정적)

운영가이드	인지 : 정서 : 행동 = 3 : 5 : 2

사전준비	* 액자판은 하드보드지로 만들고 액자틀은 펠트지로 만들어 준비한다.

진행방법

❶ 동물친구의 사진을 보고 액자에 사용할 것을 찾아본다.

❷ 하드보드지 액자판 위에 펠트지로 만든 액자틀을 붙인다.

❸ 다양한 재료로 자유롭게 액자를 꾸민다.

❹ 리본끈으로 각 액자를 연결한 후 상담사와 함께 추억의 대화를 나눈다.

반려동물의 개입

* 사진 속 동물과 실제 동물친구를 찾아보도록 한다. 현재와는 다른 차이점을 찾아볼 수도
있다.

🔊 Tip

* 하드보드지 액자에 펠트지 액자틀의 한쪽 면을 미리 붙여서 준비하면 소근육의 사용이 자유
롭지 못한 대상자도 엇나가지 않게 붙일 수 있다.

프로그램 단계	초기 / 중기 / (후기)	소요시간	1시간

프로그램 개요	프로그램 과정 중 찍은 사진을 활용하여 앨범을 만든다. 상담사와 함께 그동안 학습한 내용이나, 즐거웠던 기억들에 대해 대화를 나누며 추억을 되돌아본다.

준비물	주요 재료: 머메이드지, 마스킹 테이프, 사진, 양면테이프, 앨범 표지 꾸미기 재료: 꾸미기 스티커, 색연필, 사인펜

프로그램 기대효과	1. 이별에 대한 아쉬움 달래기 2. 아름다운 이별의 경험을 통한 자아탄력성 향상 3. 사진과 대화를 통해 추억회상 및 정서의 환기 4. 추억이 담긴 앨범을 간직함으로써 행복감 느끼기

집단형태	(개인) / 집단

활동유형	동적 / (정적)

운영가이드	인지 : 정서 : 행동 = 3 : 5 : 2

사전준비	* 회기별로 대상자들의 사진을 준비한다. * 만들기 시간의 단축을 위해 각 회기 프로그램 명은 미리 스케치북에 적어 가거나 프린트 한다.

 ❶

 ❷

 ❸

 ❹

진행방법

❶ 상담사와 함께 사진을 보며 어떤 프로그램의 사진인지 대화를 나눈다.

❷ 원하는 사진들을 자유롭게 배치하여 앨범에 붙인다.

❸ 다양한 재료로 앨범을 예쁘게 꾸민 후 그때의 감정이나 생각 등을 적어보도록 한다.

❹ 완성된 작품을 들고 상담사와 이야기를 나눈다.

반려동물의 개입

* 대상자와 대화를 나눌 때 동물친구를 옆에 두어 자연스럽게 동물친구와의 추억에 대해 떠올 릴 수 있도록 돕는다.

📣 Tip

* 사진은 각 프로그램의 상황을 명확히 알 수 있는 사진으로 준비하는 것이 좋다.

* 동물친구와 함께 찍은 사진 외에도 동물친구의 사진도 준비해가면 대상자들이 동물친구들을 오래 기억하는 데 도움을 줄 수 있다.

대표 저자 김복택

서울호서전문학교 반려동물계열 동물매개치료전공 학과장
한국반려동물매개치료협회장
호서동물매개치료센터장
서울시 동물매개활동 평가위원회 위원장
서울시 강서구 여성특화일자리 발굴을 위한 교육과정(반려동물매개심리상담사) 책임교수
한국교육학술정보원(KERIS) 이러닝 콘텐츠 심사위원
안양시자원봉사센터 반려동물매개심리상담사 교육 강사
국립중앙청소년디딤센터 '동물매개심리상담사' 강사
동양대학교(경북농민사관학교) 치유 농림업 CEO 과정 강사
강원도농업기술원 치유농업교육 강사
광양시 농업기술센터 농업인대학 동물매개치료 강사
홍성군 농업기술센터 치유농업과정 강사
대명비발디 웰리스리조트 체험 융복합 프로그램 자문위원(동물매개치료)

김경원

한양사이버대학교 휴먼서비스대학원 상담 및 임상심리전공(석사과정)
동물친구교실 대표
한국반려동물매개치료협회 상임이사
서정대학교 애완동물과 겸임교수
서울호서전문학교 반려동물계열 외래교수
부천고려병원 동물매개치료 강사
동구한마음종합복지관 동물매개치료 강사
인성기념의원 동물매개치료 강사
관악구청 동물매개봉사활동팀 슈퍼바이저

진미령

한양사이버대학교 휴먼서비스대학원 상담 및 임상심리전공(석사수료)
동물친구교실 부대표
한국반려동물매개치료협회 상임이사
서울호서직업전문학교 반려동물계열 겸임교수
서대문장애인종합복지관 동물매개치료 강사
예원(중증장애인주거시설) 동물매개치료 강사
신아재활원 동물매개치료 강사
강남중학교 특수학급 동물매개치료 강사
강서뇌성마비복지관 동물매개치료 강사
관악구청 동물매개봉사활동팀 슈퍼바이저

박영선

숭실대학교 사회복지대학원 사회복지실천전공(석사과정)
동물친구교실 팀장
한국반려동물매개치료협회 상임이사
서울호서전문학교 반려동물계열 외래교수
서초구립노인요양센터 동물매개치료 강사
송파미소병원 낮병원 동물매개치료 강사
안양시 동물매개봉사단 동물매개활동 강사
관악구청 동물매개봉사활동팀 슈퍼바이저

유가영

행정학사 사회복지전공
동물친구교실 팀장
한국반려동물매개치료협회 상임이사
서울호서전문학교 반려동물계열 외래교수
길벗장애인보호작업장 동물매개치료 강사
안양Wee센터(경기글로벌통상고등학교) 동물매개치료 강사
삼성농아원 동물매개치료 강사

반려동물매개치료 프로그램

초판발행	2020년 1월 3일
지은이	김복택·김경원·진미령·박영선·유가영
펴낸이	노 현
편 집	배근하
기획/마케팅	김한유
표지디자인	조아라
제 작	우인도·고철민
펴낸곳	㈜ 피와이메이트
	서울특별시 금천구 가산디지털2로 53 한라시그마밸리 210호(가산동)
	등록 2014. 2. 12. 제2018-000080호
전 화	02)733-6771
f a x	02)736-4818
e-mail	pys@pybook.co.kr
homepage	www.pybook.co.kr
ISBN	979-11-89643-89-8 93490

정 가   15,000원

박영스토리는 박영사와 함께 하는 브랜드입니다.